❖基本演習経済学ライブラリー4

基本演習
統計学

大屋幸輔・各務和彦

新世社

はしがき

　統計学をマスターするには実際に使ってみるのが一番です。しかし，理解できていなければ，どのように使えばよいかもわからないものです。そのようなときは，見よう見まねでやるしかありませんが，しっかりとしたお手本が必要となります。そのような考えから，本書は企画されました。本来なら，統計学の教科書の中に充実した例題，練習問題と詳細な解説を載せていることが望まれるのですが，ページ数の制約上どうしても，それらは最低限のものにとどめられてしまいます。統計学がどのような使われ方をするのかがわからないという人たち，数多く出版されている統計学の教科書とそこで与えられている問題や解説では不十分であると感じている人たち，もう少しで統計学がわかるようになりそうだという人たちに有用であると感じてもらうことを目標に本書は執筆されました。すべての領域をカバーすることは困難なので，経済学の分野を中心に例題を構成していますが，日常生活と経済活動は密接につながっていますから，取り扱っている内容は幅広い領域の方々に身近なものになっていると思います。

　統計学を学ぶ前には，その準備として数学を学びます。その段階で挫折する人もいるかもしれません。統計学を使えるようになればよいのであって，数学ができるようになることは目的ではありません。それでも，多くは必要ありませんが，やはり最低限の数学の知識は必要です。第1章では最低限，知っていると統計学を理解する上で助けになるそのような数学の知識をまとめました。そこでは，実際の使われ方を念頭において，例題や確認問題を作成しています。また，はじめて統計学を学ぶ人にとっては，確率変数自体になじみがないと思います。第2章ではそのような人たち向けに，確率変数と分布に関する一通りの定義や解説を与えています。そして，第3章以降では，推定，仮説検定，回帰分析といった主題を取り扱っています。そこでは，具体的にそれらが現実

の社会でどのように使われるのかの見本となる例題や確認問題を載せました。

　各章共通して，一つの主題を取り扱うときは例題ではじめています。中身を理解していないのに例題などできるはずもありません。しかし，はじめにこのような問題を解決しなさい，と提示されると，その例題をとおして，何をもとめられているのか，何がわかればよいのか，ということを念頭におくことができると思います。そして，その上で，それぞれの主題で与えられている定義や要点をしっかりと理解してもらえることを想定しています。また，各例題の後に補足事項をもうけています。そこでは，はじめて統計学を学ぶ人たち，また，一度は統計学を学んでみたものの，結局，使えるようにはなっていないと感じている人たちにとって，定義だけではわかりにくい点や，気がつきにくい点を説明しています。統計学の教科書で丁寧に説明されている内容については本書では必要最小限の記述にとどめている箇所も多くあります。したがって，本書だけで統計学をゼロから学ぶことは大変かもしれません。自分が使っている統計学の教科書を手元におき，演習に果敢に挑んでもらい，それらをとおして統計学が決して自分にとって縁遠いものではなく，便利な道具であることを実感してもらえることを念じています。

　本書の刊行にあたり，新世社の御園生晴彦氏，清水匡太氏，佐藤佳宏氏には大変お世話になりました。また，ご協力いただいた多くの方々にここに感謝いたします。

2012 年春

大屋幸輔・各務和彦

目 次

第1章　確率と統計で使う数学の基礎　　1
- **1.1** 確率・確率変数　　2
- **1.2** 和記号・積記号　　12
- **1.3** 母集団とその代表値　　16
- **1.4** 微分・積分　　25
- **1.5** 指数関数・対数関数　　30
- **1.6** 最大値と最小値　　35

第2章　確率変数と分布　　39
- **2.1** 離散確率変数　　40
  - 2.1.1　離散確率変数の考え方　　40
  - 2.1.2　代表的な離散確率変数　　44
- **2.2** 連続確率変数　　49
  - 2.2.1　連続確率変数の考え方　　49
  - 2.2.2　一様分布・正規分布・指数分布　　52
  - 2.2.3　カイ2乗分布・t分布・F分布　　58
- **2.3** 確率分布表の使い方　　62
- **2.4** 複数の確率変数　　70
- **2.5** その他の事項　　75

第3章　推　定　　79
- **3.1** 母集団の代表値の推定　　80
  - 3.1.1　点推定　　80
  - 3.1.2　区間推定　　83

		3.1.3 標本サイズ	88
	3.2	応用問題	90

第4章 仮説検定　　95

	4.1	母集団の代表値に関する検定	96
		4.1.1 平均値に関する検定	96
		4.1.2 成功確率の検定	100
		4.1.3 平均値の差の検定	103
		4.1.4 等分散性の検定	110
	4.2	適合度検定と分割表・独立性の検定	113
		4.2.1 適合度検定	113
		4.2.2 分割表・独立性の検定	117

第5章 回帰分析　　123

	5.1	回帰モデルの推定	124
	5.2	応用問題	134

付録 分布表　　143

	1	標準正規分布表	144
	2	t 分布表	145
	3	カイ2乗分布表	146

問題解答	147
索　引	165

第1章
確率と統計で使う数学の基礎

- 1.1 確率・確率変数
- 1.2 和記号・積記号
- 1.3 母集団とその代表値
- 1.4 微分・積分
- 1.5 指数関数・対数関数
- 1.6 最大値と最小値

1.1 確率・確率変数

> **例題 1.1** 1個のサイコロを投げて偶数の目が出る事象を A, 4以下の目が出る事象を B とします。このとき次の確率をもとめなさい。
>
> (1) $P(A)$, $P(B)$ (2) $P(A \cap B)$, $P(A \cup B)$

POINT

――事象と確率――

定義 1.1 ある試行を行った際，起こりうる可能性のある結果を**事象**とよびます。特に，最小単位の事象を**根元事象**，起こりうる結果全体を**標本空間**あるいは**全事象**といいます。そして，事象の実現可能性を 0 から 1 の数字であらわしたものを**確率**といい，同じ確からしさで起こりそうな事象に対しては同等の確率を与えます。

標本空間・全事象を S であらわし，事象 A が起こる確率を $P(A)$ であらわすことにします。たとえば，1個のサイコロを投げるという試行を考えたとき，その根元事象は $\{1\}$, $\{2\}$, $\{3\}$, $\{4\}$, $\{5\}$, $\{6\}$ で，その標本空間 S は $\{1, 2, 3, 4, 5, 6\}$ です。したがって $P(S) = 1$ であり，それぞれの目が出る確からしさは同じなので，それらの確率はすべて 1/6 になっています。

Comment 1.1

根元事象どうしは，同時に起きることはありません。そのような事象は**排反**な事象とよばれます。サイコロの例であれば，事象 $\{1\}$ と事象 $\{2\}$ は排反です。また，偶数の目が出るという事象 $\{2,4,6\}$ と奇数の目が出るという事

象 {1, 3, 5} も排反です。

> **同時確率と加法定理**
>
> **定義 1.2** **同時確率**とは A と B が同時に起こる確率で $P(A \cap B)$ とあらわします。一方，A または B が起こる確率 $P(A \cup B)$ は，**加法定理**によって次のようにあらわすことができます。
>
> $$P(A \cup B) = P(A) + P(B) - P(A \cap B)$$

図 1.1 のように集合関係を図示したものを**ベン図**とよびます。四角は標本空間 S を，左右の楕円はそれぞれ事象 A, B をあらわしています。事象 A と事象 B の重なった部分は**積事象**とよばれ，$A \cap B$ とあらわします。この積事象の確率を同時確率とよびます。事象 A と事象 B の楕円を合わせて**和事象**といい，$A \cup B$ とあらわします。$P(A) + P(B)$ では

$$P(A) = P(A \cap B) + P(A \cap B^c),\ P(B) = P(A \cap B) + P(A^c \cap B)$$

なので $P(A \cap B)$ を 2 回計算していることになります。そこで加法定理では $-P(A \cap B)$ の項を追加しています。ただし $A \cap B = \emptyset$（空事象）のときは，$P(A \cup B) = P(A) + P(B)$ となります。また A^c は全事象 S のなかで，A でない事象をあらわしており，A の余事象とよばれます。

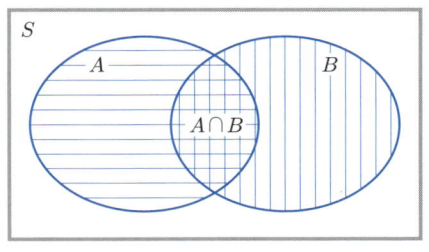

図 1.1

> 例題 1.1 の解答

(1) $A = \{2, 4, 6\}$, $B = \{1, 2, 3, 4\}$ です。また，根元事象は互いに排反なので，事象 $P(A)$ と $P(B)$ は，各事象に含まれる根元事象の確率の和によってそれぞれ $P(A) = 3/6 = 1/2$, $P(B) = 4/6 = 2/3$ とあらわされます。

(2) $A \cap B = \{2, 4\}$ なので，$P(A \cap B) = 2/6 = 1/3$ です。

　次に，加法定理 $P(A \cup B) = P(A) + P(B) - P(A \cap B)$ より，もとめる確率は以下のようになります。

$$P(A \cup B) = \frac{1}{2} + \frac{2}{3} - \frac{1}{3} = \frac{5}{6}$$

例題 1.2 トランプ52枚から1枚を無作為に抜き出す実験で，その1枚がスペードであるという事象を A，その1枚がエースであるという事象を B とします。このとき，事象 A と事象 B が独立かどうか調べなさい。

POINT

条件付確率

定義 1.3 事象 B が起きたことを条件とする事象 A に関する確率は**条件付確率**として与えられます。

$$P(A \mid B) = \frac{P(A \cap B)}{P(B)}, \text{ ただし } P(B) > 0$$

事象の独立性

定義 1.4 事象 A と B の同時確率に関して

$$P(A \cap B) = P(A) \times P(B)$$

が成立しているとき，事象 A と B は**互いに独立**であるといいます。さらにこの式は $P(B) > 0$ のときは，定義 1.3 にある条件付確率を使って以下のようにあらわすこともできます。

$$P(A \mid B) = \frac{P(A \cap B)}{P(B)} = \frac{P(A) \times P(B)}{P(B)} = P(A)$$

例題 1.2 の解答

$P(A \cap B) = 1/52$，$P(A) = 13/52$，$P(B) = 4/52$ です。$P(A|B) = (1/52)/(4/52) = 13/52 = P(A)$ の関係が成立しているので，スペードであるという事象とエースであるという事象は独立です。この場合は $P(A \cap B^c) =$

$P(A) \times P(B^c)$, $P(A^c \cap B) = P(A^c) \times P(B)$, $P(A^c \cap B^c) = P(A^c) \times P(B^c)$ も成立していることが確かめられます。

例題 1.3 パーソナルコンピュータに関して，Windows（以下，win），あるいは Macintosh（以下，mac）のユーザーに対して，よく使う web ブラウザが何であるかのアンケートを行ったところ，以下のような利用割合であることがわかりました。このとき，

	IE	FF	CM	SF	その他
win ユーザー	0.6	0.17	0.08	0.01	0.03
mac ユーザー	0.0	0.03	0.02	0.04	0.02

FF：Firefox，CM：Chrome，SF：Safari

(1) win ユーザーが Firefox を使っている確率をもとめなさい。

(2) Safari を使っている人が mac ユーザーである確率をもとめなさい。

(3) どちらのユーザーが Chrome を使う確率が高いかもとめなさい。

(4) 使っている OS と web ブラウザが独立であるかどうかを確かめなさい。

例題 1.3 の解答

(1) いま，もとめたい確率は，$P(\mathrm{FF}|\mathrm{win})$ です。定義 1.3 より，$P(\mathrm{FF}|\mathrm{win}) = P(\mathrm{FF} \cap \mathrm{win})/P(\mathrm{win})$ となります。$P(\mathrm{FF} \cap \mathrm{win}) = 0.17$，$P(\mathrm{win}) = 0.6 + 0.17 + 0.08 + 0.01 + 0.03 = 0.89$ であるので，$P(\mathrm{FF}|\mathrm{win}) = 0.17/0.89 = 0.19$ となります。

(2) いま，もとめたい確率は，$P(\mathrm{mac}|\mathrm{SF})$ です。(1) と同様に計算をすると，$P(\mathrm{mac} \cap \mathrm{SF}) = 0.04$，$P(\mathrm{SF}) = 0.01 + 0.04 = 0.05$ となります。した

がって，$P(\text{mac}|\text{SF}) = 0.04/0.05 = 0.8$ となります．

(3) いま，もとめたい確率は，$P(\text{CM}|\text{win})$ と $P(\text{CM}|\text{mac})$ です．$P(\text{CM} \cap \text{win}) = 0.08$，$P(\text{CM} \cap \text{mac}) = 0.02$，$P(\text{win}) = 0.89$，$P(\text{mac}) = 0.11$ であるので，$P(\text{CM}|\text{win}) = 0.08/0.89 = 0.09$，$P(\text{CM}|\text{mac}) = 0.02/0.11 = 0.18$ となります．したがって，mac ユーザーの方が Chrome を使っている確率が高いことがわかります．

(4) たとえば，(2) より，$P(\text{mac}|\text{SF})$ を考えます．$P(\text{mac}) = 0.11$ より，$P(\text{mac}|\text{SF}) \neq P(\text{mac})$ であることがわかります．したがって，使っている OS と使っている web ブラウザは独立ではないことがわかります．

理解度 Check

確認 1.1 調査の結果，あるバイク店の 1 週間のバイクとヘルメットの売上げには以下のような関係があることがわかりました．表の数字は同時確率です．このとき，

バイク \ ヘルメット	0 個	1 個	2 個
0 台	0.05	0.1	0.2
1 台	0.1	0.4	0.02
2 台	0.01	0.01	0.11

(1) バイクが 1 台売れたときに，ヘルメットが 1 個売れる確率をもとめなさい．

(2) バイクが 2 台売れたときに，ヘルメットが 2 個売れる確率をもとめなさい．

(3) バイクが売れたときに，ヘルメットも売れる確率をもとめなさい．

> **例題 1.4** 統計学の中間試験後，期末試験より前に中間試験の結果を知りたいかどうかアンケートをとりました。60点以上の人は90%の確率で結果を知りたいと希望し，60点未満の人は20%しか結果を知りたいと希望しませんでした。60点以上の点数をとった人は全体の40%であったとき，結果を知りたいと希望した人が60点以上である確率をもとめなさい。

POINT

ベイズの定理

定義 1.5 事象 B が起こったときの事象 A が起きる条件付確率 $P(A|B)$ は，**ベイズの定理**によると，

$$P(A|B) = \frac{P(A)P(B|A)}{P(A)P(B|A) + P(A^c)P(B|A^c)}$$

によって計算できます。ただし，A^c は A の補集合です。

例題 1.4 の解答

60点以上であるという事象を A，60点未満であるという事象を A^c，結果を知りたいという事象を B とあらわします。このとき，$P(A) = 0.4$，$P(A^c) = 0.6$，$P(B|A) = 0.9$，$P(B|A^c) = 0.2$ ということがわかります。したがって，ベイズの定理より，

$$P(A|B) = \frac{0.4 \times 0.9}{0.4 \times 0.9 + 0.6 \times 0.2} = 0.75$$

となるので，結果を知りたい人の75%が60点以上の点数となります。

理解度 Check

確認 1.2 電子メールで受信したメールが迷惑メールかどうかを仕分けるのに，ベイズの定理を使った学習機能が使われることがあります。たとえば，メールに xxx という文字が含まれているかどうかで迷惑メールかどうかを判断するとします。実際に，100 通のメールのうち 20 通が迷惑メールで，迷惑メールに xxx という文字が含まれる確率は 0.2 である一方，通常のメールにも 0.1 の確率で xxx という文字が含まれていました。このとき，

(1) xxx という文字が含まれるメールが迷惑メールである確率をもとめなさい。

(2) さらに 300 通のメールを受け取ったとき，40 通が迷惑メールでした。先の 100 通と合わせると迷惑メールに xxx という文字が含まれる確率は 0.4 に上がる一方，通常のメールに xxx という文字が含まれる確率は 0.03 に下がりました。このとき，迷惑メールの判定精度はどの程度向上したかをもとめなさい。

> **例題 1.5** 以下の各問いにある事柄は，どのような値になるか確定していないものです。そのとりうる値が離散的なのか連続的なのかについて答えなさい。
>
> (1) サイコロを投げたときに出る目の値。
> (2) 明日朝 9 時の円ドル為替レート。
> (3) 大阪の来年 1 年間の真夏日の日数。
> (4) あなたの家の来月の電力使用量。

POINT

―確率変数―
> **定義 1.6** 事象に対して数値を対応させたもの，あるいは事象自身が数である場合，実現する結果は数値になります。起こりうる値はわかりますが，どの値が実現するかはあらかじめ確定できず，その確からしさが確率として与えられているものを**確率変数**とよびます。

サイコロを投げて出る目に関して考えてみます。出る目は投げる前には実現していない事象で，この場合それは数です。1 から 6 の値のどれかをとりうることはわかっていますが，事前にどの目が出るかを確定することはできません。第 2 章で説明するように，各目がどのような確からしさで実現するかに関しては，その確率がどの目に対しても同程度の 1/6 という確率を与えることができます。

例題 1.5 の解答

(1) とりうる値は 1 から 6 の整数値なので，離散的です。

(2) 1ドル何円かということで考えるととりうる値は連続的です．

(3) 年間に何日かということなので，0から365の整数値で，離散的です．

(4) 電力使用量のとりうる値は連続的です．

> **Comment 1.2**

サイコロを投げたときに出る目の値を X とすると，事前にはどの目が出るかはわかりません．1が出るかもしれませんし，2が出るかもしれません．出た目が1なら $X=1$，2なら $X=2$ と X のとる値は変わります．確率変数 X と実現した値 x というように，アルファベットの大文字と小文字で，確率変数と実現値を区別しておくと，$X=x$ と書かれたときは，確率変数 X が x という値で実現する，ということをあらわすことができます．これについては「2.1 離散確率変数」を参照してください．

1.2 和記号・積記号

> **例題 1.6** 以下の x_1, x_2, x_3 に関する $\sum_{i=1}^{3} x_i$ と $\prod_{i=1}^{3} x_i$ をもとめなさい。
>
> (1) $x_1 = 2, x_2 = 3, x_3 = 4$　　(2) $x_1 = x_2 = x_3 = 2$

POINT

たとえば 10 人の先月の消費支出のデータの並びは，$x_1, x_2, \ldots, x_{10}$ と添字のついた変数で表現することができます。一般的には n 個の変数の並びを $x_1, x_2, \ldots, x_n$ と添字をつけてあらわします（$x_i, i = 1, 2, \ldots, n$ と略記することもあります）。以下では，この数の並びの和と積に関して次の記号を定義します。

和記号と積記号

定義 1.7
- 和記号：$\sum_{i=1}^{n} x_i = x_1 + x_2 + \cdots + x_n$
- 積記号：$\prod_{i=1}^{n} x_i = x_1 \times x_2 \times \cdots \times x_n$

例題 1.6 の解答

(1) $\sum_{i=1}^{3} x_i = 2 + 3 + 4 = 9$, $\prod_{i=1}^{3} x_i = 2 \times 3 \times 4 = 24$

(2) $\sum_{i=1}^{3} x_i = 2 + 2 + 2 = 3 \times 2 = 6$, $\prod_{i=1}^{3} x_i = 2 \times 2 \times 2 = 2^3 = 8$

例題 1.7 $x_1 = 2$, $x_2 = 3$, $x_3 = 4$ のとき，各問いに答えなさい。

(1) $\displaystyle\sum_{i=1}^{3}(3x_i - 2)$ をもとめなさい。

(2) $\displaystyle\sum_{i=1}^{3}(x_i - 2)^2$ をもとめなさい。

(3) $\displaystyle\left\{\sum_{i=1}^{3}(x_i - 2)\right\}\left\{\sum_{i=1}^{3}(x_i - 2)\right\}$ をもとめなさい。

POINT

和記号と積記号に関しては以下の性質が成り立っています。これらを利用すると，一見複雑な計算が簡単にできるようになります。

── 和記号と積記号の性質 ──

性質 1.1 以下，a と b を定数とする。

- $x_1 = x_2 = \cdots = x_n = a$ のとき，$\displaystyle\sum_{i=1}^{n} x_i = n \times a$

- $\displaystyle\sum_{i=1}^{n}(ax_i + b) = a\sum_{i=1}^{n}x_i + nb$

- $\displaystyle\left(\sum_{i=1}^{n}x_i\right)\left(\sum_{j=1}^{n}y_j\right) = \sum_{i=1}^{n}\sum_{j=1}^{n}x_i y_j$

- $\displaystyle\prod_{i=1}^{n}ax_i = a^n \prod_{i=1}^{n}x_i$

- $\displaystyle\left(\prod_{i=1}^{n}x_i\right)\left(\prod_{j=1}^{n}y_j\right) = \prod_{i=1}^{n}x_i y_i$

例題 1.7 の解答

(1) $\sum_{i=1}^{3}(3x_i - 2) = (3 \times 2 - 2) + (3 \times 3 - 2) + (3 \times 4 - 2) = 4 + 7 + 10 = 21$

ともめることもできますが，以下のようにすることもできます。

$$\sum_{i=1}^{3}(3x_i - 2) = 3\sum_{i=1}^{3}x_i - \sum_{i=1}^{3}2 = 3 \times 9 - 3 \times 2 = 27 - 6 = 21$$

(2) この場合は $(x_i - 2)^2$ を先にもとめた方が簡単になります。

$$\sum_{i=1}^{3}(x_i - 2)^2 = 0^2 + 1^2 + 2^2 = 5$$

(3) $\left\{\sum_{i=1}^{3}(x_i - 2)\right\}\left\{\sum_{i=1}^{3}(x_i - 2)\right\} = (0 + 1 + 2)^2 = 9$

理解度 Check

確認 1.3 $x_i, (i = 1, 2, 3)$ に関して，$\sum_{i=1}^{3}x_i^2$ が $\left(\sum_{i=1}^{3}x_i\right)^2$ と必ずしも等しくないことを確認しなさい。

STEP UP 1.1

応用 1.1 以下の問いに答えなさい。ただし (1), (2) では $\bar{x} = \dfrac{1}{n}\sum_{i=1}^{n} x_i$ とする。

(1) $\displaystyle\sum_{i=1}^{n}(x_i - \bar{x})$ をもとめなさい。

(2) $\displaystyle\sum_{i=1}^{n}(x_i - \bar{x})^2 = \sum_{i=1}^{n} x_i^2 - n\bar{x}^2$ となることを確かめなさい。

(3) $\displaystyle\sum_{i=1}^{2}\sum_{j=1}^{2} x_i y_j$ を展開しなさい。

(4) $x_i = x_{i-1} + a_i, (i=1,\ldots,10)$ とするとき, x_{10} を x_0 と $a_i, (i=1,2,\ldots,10)$ を使って表現しなさい。

1.3 母集団とその代表値

> **例題 1.8** 次の母集団は有限母集団か無限母集団かを答えなさい。
>
> (1) コインを投げたときに表が出るか裏が出るかについて。
>
> (2) 東証一部上場企業の 2010 年度新規採用者の初任給。
>
> (3) テレビの視聴率調査が対象としている母集団。

POINT

― 母集団 ―

定義 1.8 調査・分析の対象となっている数値，属性の集まり全体のことを**母集団**とよびます。また，母集団にはその構成要素の数が有限である**有限母集団**と，無限の場合の**無限母集団**があります。

たとえば 1 カ月の消費支出に関する調査で，国内の大学生が対象の場合，母集団は国内の大学生で，学生数は有限ですから有限母集団です。学生全員を調査すれば，学生の消費支出がどのように分布しているかがわかります。ただし学生一人の個別の数値一つひとつをみても全体の傾向はつかめません。そこで，必要となるのが以下で説明する母集団の特徴をあらわす代表値です。

例題 1.8 の解答

(1) コインは何回でも投げることができます。したがって，その結果についての母集団は無限母集団と考えられます。

(2) 東証一部上場企業の数が有限で，各企業に 2010 年度に新規採用された

社員数も有限なので，有限母集団です。

(3) 日本国中の全世帯を対象とするか，テレビ保有世帯を対象とするかなど，定義はさまざまあっても，その対象に含まれる構成要素数は有限なので有限母集団です。

理解度 Check

確認 1.4　次の母集団が有限母集団か，無限母集団か答えなさい。

(1) TOPIX の終値。

(2) 2010 年 12 月 31 日午前 10 時の日本各地の気温。

(3) 昨年 1 年間に出版された本。

> **例題 1.9** 例題 1.8 に関連して，以下の問いに答えなさい。
>
> (1) コインを 10 回投げたところ，表が 3 回出た。この結果から，このコインの表が出る確率は 3/10 = 0.3 と断言してよいでしょうか。
>
> (2) 例題 1.8 (2) で対象企業全社，2010 年度の該当者全員の初任給を調査した結果は，その平均が 15 万円だった。これは母集団平均といえますか。

POINT

標 本

定義 1.9 無限母集団の場合，あるいは有限母集団であるがその構成要素数が非常に大きく，そのすべての値を知ることが困難な場合，母集団の特性をあらわす代表値も知ることはできません。

このような場合は母集団の一部を取り出して，母集団の特性（たとえば代表値）を推測します。このとりだされた母集団の一部を**標本**とよびます。

Comment 1.3

標本を使って，母集団の未知の平均などの代表値を調査することを**標本調査**とよびます。視聴率調査や支持率調査などがその代表例です。いずれも有限母集団を調査対象としていますが，母集団のすべてを調査するには費用も時間もかかるため母集団の一部である標本を使った調査を行っているのです。

例題 1.9 の解答

(1) この場合，母集団は無限母集団であり，10 回の結果はその一部でしかありません。したがって 0.3 だろうと推測はできますが，断言するには無理があります。

(2) 母集団が有限ですべてを調査した結果による平均なので，母集団平均といえます。もし，すべてを調査するのが大変で，各企業から 1 名ずつ選び出して，調査をした場合，標本調査を行っていることになり，結果として得られた平均は，母集団平均とはいえません。

理解度 Check

確認 1.5 以下の問いに答えなさい。

(1) 標本を使った平均が母集団平均ではない理由を簡潔に説明しなさい。

(2) 母集団のすべてを知ることができず，標本調査しかできない場合，どのように標本を選び出せばよいか考えなさい。

(3) コインの表が出る確率を調べるにはどのような実験をすればよいか考えなさい。

例題 1.10 以下はある会社の部署 10 人の 1 カ月の娯楽費（万円）です。この部署の娯楽費の平均と分散をもとめなさい。

x_1	x_2	x_3	x_4	x_5	x_6	x_7	x_8	x_9	x_{10}
8	3	5	22	9	9	12	10	6	6

POINT

代表値その1

定義 1.10 母集団の特性を値であらわしたものが代表値で，位置に関する代表値，ちらばりに関する代表値などがあります。

母集団の個別の要素を $x_i, (i = 1, 2, \ldots, n)$ とします。このとき母集団の位置に関する代表値である**平均**とちらばりの程度をあらわす代表値である**分散**は以下のように定義されます。

$$\text{平均}\ \bar{x} = \frac{1}{n}\sum_{i=1}^{n} x_i, \ \ \text{分散}\ v = \frac{1}{n}\sum_{i=1}^{n}(x_i - \bar{x})^2$$

また，分散の正の平方根 $\sqrt{v}$ を**標準偏差**とよびます。

Comment 1.4

- 有限母集団（n が有限）の場合は**定義 1.10** の平均と分散が母集団平均，母集団分散となります。
- 無限母集団の場合は $x_i, (i = 1, 2, \ldots, n)$ は母集団の全体ではなく一部なので，**定義 1.10** の平均 $\bar{x}$，分散 v は母集団平均，母集団分散ではありません。
- 無限母集団の場合，また有限母集団でも $x_i, (i = 1, 2, \ldots, n)$ が母集団全体ではなく，その一部分である場合は，通常，母集団平均，母集団分散の

値は未知であり，わかりません。

> 例題 1.10 の解答

定義 1.10 より，平均は

$$\bar{x} = \frac{1}{10} \sum_{i=1}^{10} x_i = \frac{1}{10}(8+3+5+22+9+9+12+10+6+6) = 9$$

より，9 万円となります。分散は，

$$v = \frac{1}{n} \sum_{i=1}^{n} (x_i - \bar{x})^2 = 25$$

となります。

理解度 Check

確認 1.6 あるペットショップの A と B の 2 つの水槽にはそれぞれ 20 匹の金魚がいます。A の水槽の金魚の大きさの平均は 10 cm，分散は 6 です。一方，B の水槽の金魚の大きさの平均は 9 cm，標準偏差は 1.5 です。このとき，

(1) どちらの水槽を選べば，平均的には大きい金魚を選ぶことができますか。

(2) どちらの水槽を選べば，同じようなサイズの金魚を選ぶことができますか。

分布の位置に関する代表値として他には，**中央値（メディアン）**，**最頻値（モード）** などがあります。また母集団に複数種類の個別要素があった場合，それらの関連の度合いも以下で定義される代表値であらわすことができます。

例題 1.11 以下には，ある年のプロ野球交流戦の各チームの得点 x と失点 y が示されています．得点と失点にはどのような関係があるか調べなさい．

得点 x	114	98	65	79	94	57	60	58	66	67	65	46
失点 y	43	55	34	68	73	90	62	85	92	68	97	102

POINT

―代表値その 2 ―

定義 1.11 母集団の個別の要素の組を $(x_i, y_i), (i = 1, 2, \ldots, n)$ とします．このとき x_i と y_i の関係のあらわす代表値である**共分散**と**相関係数**は以下のように定義されます．

$$\text{共分散}\quad v_{xy} = \frac{1}{n}\sum_{i=1}^{n}(x_i - \bar{x})(y_i - \bar{y}), \quad \text{相関係数}\quad r_{xy} = \frac{v_{xy}}{\sqrt{v_x}\sqrt{v_y}}$$

ただし，$\bar{x}$ と $\bar{y}$，v_x と v_y はそれぞれ定義 1.10 による x と y の平均，分散です．

Comment 1.5

- 共分散は $(x_i, y_i), (i = 1, 2, \ldots, n)$ の散布図を書いたとき，傾向として (x_i, y_i) が右上がりに散らばっていればプラスで，右下がりであればマイナス，何の傾向もみられなければゼロに近い値となります．ただし，どの程度の値ならゼロに近いかは共分散では判断できません．
- 共分散の大きさで関係の強弱の判断ができない理由の一つとして，(x_i, y_i) の値が単位に依存していることがあげられます．たとえば $(x_1, y_1) = (1, 0.5)$，$(x_2, y_2) = (0.8, 0.4)$，$\ldots$，$(x_n, y_n) = (1.2, 0.6)$ と表記されて

いた場合を考えます．実際に金額表示で単位が 1 万円だった場合に，その 1 万円単位のデータで計算した共分散より，これらを 1 円単位にしてあらわしたデータで計算した共分散の値の方が大きく異なります．
- 相関係数は，そのような問題を取り除くために，後述する標準化という変換を共分散に施したものです．

例題 1.11 の解答

定義 1.11 に従って，相関係数を計算するために，分散と共分散を計算すると，

$$v_x = \frac{1}{12} \sum_{i=1}^{12} (x_i - \bar{x})^2,$$

$$v_y = \frac{1}{12} \sum_{i=1}^{12} (y_i - \bar{y})^2,$$

$$v_{xy} = \frac{1}{12} \sum_{i=1}^{12} (x_i - \bar{x})(y_i - \bar{y})$$

となります．このことから，

$$r_{xy} = \frac{v_{xy}}{\sqrt{v_x}\sqrt{v_y}} = -0.589$$

の相関があることが分かります．つまり，得点の多い球団ほど，失点が少ない，あるいは失点が少ない球団ほど得点が多いという関係があることがわかります．

理解度 Check

確認 1.7 X 社と Y 社の過去 100 日間の株価の収益率の組を (x_i, y_i) とします。

$$\sum_{i=1}^{100} x_i = -2.4, \quad \sum_{i=1}^{100} y_i = -2.9, \quad \sum_{i=1}^{100} x_i^2 = 77.4, \quad \sum_{i=1}^{100} y_i^2 = 97.0, \quad \sum_{i=1}^{100} x_i y_i = 55.3$$

であることがわかっているとき，この期間の X 社と Y 社の株価の収益率の相関係数を計算しなさい。

1.4 微分・積分

> **例題 1.12** 以下の関数の導関数をもとめなさい。
>
> (1) $y = x^2$　(2) $y = \sqrt{x}$　(3) $y = (3x+1)^2$

POINT

関数を微分，積分するということが，どのようなことなのかを知っていると，後に登場する累積分布関数と確率密度関数の関係などの理解が容易になります。ここでは，統計学で必要な微分，積分について最低限必要なものをまとめています。

―― 微 分 ――――――――――――――――――――

定義 1.12 関数 $y = f(x)$ が $x = a$ で微分可能であるとは下記の極限

$$f'(a) = \lim_{h \to 0} \frac{f(a+h) - f(a)}{h}$$

が存在することであり，$f'(a)$ を $x = a$ における**微分係数**とよびます。

Comment 1.6

- 上記の極限は，h が右から（正の値から）ゼロに近づく場合と，左から（負の値から）ゼロに近づく場合の 2 通りがありますが，左右それぞれのものが一致する場合に極限が存在するといいます。
- ある区間のすべての点で関数 $f(x)$ が微分可能である場合，$f(x)$ はその区間において微分可能であり，$f'(x)$ を $f(x)$ の**導関数**とよびます。
- 導関数 $f'(x)$ は関数 $f(x)$ の点 x での（接線の）傾きをあらわしています。

> **POINT**

ここで**定義 1.12** を使って関数 $f(x) = x^2$ の導関数と $x = 0.5$ での接線の傾きをもとめてみます。定義通りに考えると導関数は，

$$f'(x) = (x^2)' = \lim_{h \to 0} \frac{(x+h)^2 - x^2}{h} = \lim_{h \to 0} (2x + h) = 2x$$

となり，点 $x = 0.5$ での接線の傾きは 1 となっていることがわかります。

前節と同様に，微分に関して知っておくと便利な性質をまとめておきます。

微分に関する性質

性質 1.2 a, b を定数，$f(x)$, $g(x)$ を微分可能な関数とします。

(1) $y = f(x) = a$ の導関数はゼロ，すなわち $f'(x) = 0$

(2) $y = f(x) = x^b$ の導関数は $f'(x) = bx^{b-1}$

(3) $y = af(x) + bg(x)$ の導関数は $\bigl(af(x) + bg(x)\bigr)' = af'(x) + bg'(x)$

(4) $y = f(x)g(x)$ の導関数は $\bigl(f(x)g(x)\bigr)' = f'(x)g(x) + f(x)g'(x)$

(5) $y = \dfrac{f(x)}{g(x)}$ の導関数は $\left(\dfrac{f(x)}{g(x)}\right)' = \dfrac{f'(x)g(x) - f(x)g'(x)}{\bigl(g(x)\bigr)^2}$，ただし $g(x) \neq 0$

(6) $y = f(z)$, $z = g(x)$ としたとき，合成関数 $y = f(g(x))$ の導関数は $\bigl(f(g(x))\bigr)' = g'(x)f'(g(x))$

例題 1.12 の解答

(1) $2x$

(2) $\left(\sqrt{x}\right)' = \left(x^{\frac{1}{2}}\right)' = \frac{1}{2}x^{-\frac{1}{2}} = \frac{1}{2\sqrt{x}}$

(3) 性質 1.2 の (6) より $(3x+1)' \times 2(3x+1) = 6(3x+1) = 18x+6$

理解度 Check

確認 1.8 以下の関数の導関数をもとめなさい。

(1) $y = x^2 + 5\sqrt{x}$ (2) $y = x\sqrt{x}$ (3) $y = (4x+3)(2x^2+x)$

例題 1.13 以下の $f(x)$ に関して，各問いの積分をもとめなさい．

$$f(x) = \begin{cases} \dfrac{1}{b-a}, & a \leq x \leq b \\ 0, & x < a,\, b < x \end{cases}$$

(1) $\displaystyle\int_{-\infty}^{\infty} f(x)dx$ (2) $\displaystyle\int_{-\infty}^{\infty} xf(x)dx$

POINT

統計学では，確率密度関数から累積分布関数，同時確率密度関数から周辺確率密度関数，そして連続確率変数の期待値をもとめるときに積分の計算が必要となります．数学的な積分の定義については他書にゆずることにして，以下では積分の性質に関してまとめておきます．

積分に関する性質

性質 1.3 $f(x)$, $g(x)$ は連続な関数で a, b, c は定数で $a < b$ とする．このとき以下が成立します．

(1) $\displaystyle\int_a^b cf(x)dx = c\int_a^b f(x)dx$

(2) $a < c < b$ とすると $\displaystyle\int_a^b f(x)dx = \int_a^c f(x)dx + \int_c^b f(x)dx$

(3) $F'(x) = f(x)$ であるとき，$\displaystyle\int_a^b f(x)dx = F(b) - F(a)$

(4) $\displaystyle\int_a^b f(x)g'(x)dx = \Big[f(x)g(x)\Big]_a^b - \int_a^b f'(x)g(x)dx$

(5) $\displaystyle\int_a^{g(x)} f(s)ds$ の x に関する微分 $\left(\displaystyle\int_a^{g(x)} f(s)ds\right)' = g'(x)f(g(x))$

例題 1.13 の解答

(1) $\displaystyle\int_{-\infty}^{\infty} f(x)dx = \int_{-\infty}^{a} f(x)dx + \int_{a}^{b} f(x)dx + \int_{b}^{\infty} f(x)dx$

$\displaystyle = \int_{a}^{b} \frac{1}{b-a} dx = \frac{1}{b-a}\Big[\, x\, \Big]_{a}^{b} = 1$

(2) $\displaystyle\int_{-\infty}^{\infty} xf(x)dx = \int_{a}^{b} \frac{x}{b-a} dx = \frac{1}{b-a}\Big[\, \frac{x^2}{2}\, \Big]_{a}^{b} = \frac{b^2 - a^2}{2(b-a)} = \frac{b+a}{2}$

理解度 Check

確認 1.9 以下の積分をもとめなさい。

(1) $\displaystyle\int_{-1}^{2} 3x^2 dx$ (2) $\displaystyle\int_{1}^{\infty} \frac{1}{x^2} dx$ (3) $\displaystyle\int_{0}^{1} \sqrt{x}\, dx$

確認 1.10 以下の式を x について微分しなさい。ただし $x > 0$ とします。

(1) $\displaystyle\int_{0}^{x} 2s\, ds$ (2) $\displaystyle\int_{0}^{x^2} 2s\, ds$

1.5 指数関数・対数関数

> **例題 1.14** 以下の問いに答えなさい。
>
> (1) $e^{x^2} \times e^{2x+1}$ を整理したときの e の指数部分をもとめなさい。
>
> (2) $\exp\{(x+1)^2\}$ の導関数をもとめなさい。
>
> (3) $x > 0$ のとき，$\log x$ の導関数をもとめなさい。

POINT

以下では指数関数，対数関数とそれらに関する計算ルールを説明します。

―― 指数関数 ――

定義 1.13 一般に $a > 0$, $a \neq 1$ である定数 a に関して，$y = a^x$ を指数関数，a を底，x を指数とよびますが，本書では利用頻度の高い $e = 2.71828\cdots$ を底とするものを特に断りがない限り**指数関数**とよぶことにします。この e は $e = \lim_{n \to \infty} \left(1 + \dfrac{1}{n}\right)^n$ と定義されているネピアの数とよばれるものです。

指数部分が $-\dfrac{1}{2}(x^2 - a)^2$ というように複雑な場合，本書では $y = e^{-\frac{1}{2}(x^2-a)^2}$ のかわりに

$$y = \exp\left\{-\frac{1}{2}(x^2 - a)^2\right\}$$

という $\exp\{\ \}$ を使った表記法をもちいます。

対数関数

定義 1.14 一般に $a > 0, a \neq 1$ に関して，$y = \log_a x, x > 0$ を対数関数とよび，特に e を底とするものを自然対数関数とよびます（底を省略し $y = \log x$ と表記）。指数関数と同様に，本書ではこの自然対数関数を単に対数関数とよびます。

対数関数は指数関数の逆関数です。したがって，x を指数変換したものは e^x で，それを逆に対数変換するともとの x にもどります。すなわち，$\log e^x = x$ となっています。同様に $e^{\log x} = x$ も成り立っています。また，図 1.2 にあるように，グラフ上は $y = x$ に関して対称な関係になっています。また横軸 x が増加したとき，指数関数も対数関数も単調に増加し，$x < x^*$ なら，$e^x < e^{x^*}$，$\log x < \log x^*$ という関係が成立していることがわかります。さらに，指数関数は正の値しかとりません。すなわち，どのような x に関しても $e^x > 0$ となっています。また，対数関数 $\log x$ の x は正の値だけで定義されていることに気をつけましょう。したがって，$\log -1$ といった値は定義されていません。ちなみに $x = 0$ に関しては，$\log 0 = -\infty$ としています。以下で指数関数，対数関数に関する性質をまとめておきます。

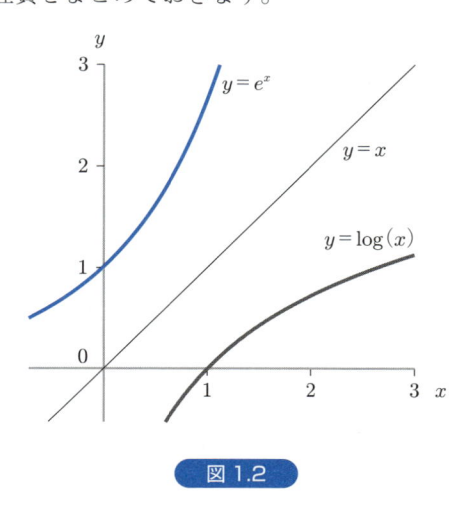

図 1.2

指数関数と対数関数の性質

性質 1.4 a, b は定数，x, y は実数とするとき，指数関数，対数関数に関して以下の性質が成り立っています．

(1) $e^{ax} \times e^{by} = e^{ax+by}$, $\dfrac{e^{ax}}{e^{by}} = e^{ax-by}$

(2) $e^0 = 1$, $\displaystyle\lim_{x \to \infty} e^{-x} = 0$, $\displaystyle\lim_{x \to \infty} e^x = \infty$

(3) x の関数とその導関数をそれぞれ，$g(x)$, $g'(x)$ とします．このとき $\exp(g(x))$ の導関数は，$g'(x)\exp(g(x))$ となります．

(4) $\log(xy) = \log x + \log y$, $\log\left(\dfrac{x}{y}\right) = \log x - \log y$

(5) $\log 0 = -\infty$, $\log 1 = 0$, $\log e = 1$

(6) $\log x^a = a\log x$

(7) $\log g(x)$ の導関数は $\dfrac{g'(x)}{g(x)}$

例題 1.14 解答

(1) 性質 1.4 の (1) を使うと $e^{x^2} \times e^{2x+1} = \exp(x^2 + 2x + 1) = \exp\{(x+1)^2\}$ となるので，指数部分は $(x+1)^2$

(2) 性質 1.4 の (3) を使うと $\left(\exp\{(x+1)^2\}\right)' = 2(x+1)\exp\{(x+1)^2\}$

(3) 性質 1.4 の (7) を使うと $(\log x)' = \dfrac{1}{x}$

例題 1.15 $f(s) = ae^{-as}, (s \geq 0)$ のとき，$\int_0^x f(s)ds$ をもとめなさい。

例題 1.15 の解答

性質 1.4 の (3) より，$\left(e^{-ax}\right)' = -ae^{-ax}$ であることを利用する。
$$\int_0^x ae^{-as}ds = \left[-e^{-as}\right]_0^x = 1 - e^{-ax}$$

理解度 Check

確認 1.11 以下の問いに答えなさい。

(1) e^{x^2}/e^{-2x+1} の指数部分を整理しなさい。

(2) $e^{2x} + e^x$ を変形しなさい。

(3) e^{3x} の導関数をもとめなさい。

確認 1.12 以下の問いに答えなさい。

(1) $\prod_{i=1}^n \exp\{-(x_i-a)^2\}$ を対数変換しなさい。

(2) $x > 0$ のとき，$\log x^2$ の導関数をもとめなさい。

(3) $x_i, (i=1,\ldots,n)$ に関して，$\log\left(\dfrac{x_n}{x_1}\right) = \sum_{i=1}^{n-1} \log\left(\dfrac{x_{i+1}}{x_i}\right)$ とあらわすことができることを確認しなさい。

STEP UP 1.2

応用 1.2 以下の各問いに答えなさい。

(1) $f(x) = ae^{-ax}, (x \geq 0)$ のとき，$\int_0^\infty xf(x)dx$ をもとめなさい。

(2) $F(x) = \int_0^x ae^{-as}ds$ とするとき，$F(x)$ の導関数をもとめなさい。

1.6 最大値と最小値

> **例題 1.16** 以下の関数の極値をもとめなさい。
>
> (1) $f(x) = x^2$ (2) $f(x) = x^2 - 2x + 3$

POINT

前節で説明した微分を使うと，関数の増減や極大，極小に関することを調べることができます。

極大と極小その1

要点 1.1 $x = a$ の前後で関数 $f(x)$ の値が増加から減少に変わるとき，$x = a$ で極大になり，**極大値**は $f(a)$ となります。このとき，$x = a$ の前後で導関数 $f'(x)$ の符号がプラスからマイナスに変化しています。

極小値に関しては，極小値を与える点の前後で $f(x)$ の値が減少から増加に，またその導関数の符号もマイナスからプラスに変化しています。

Comment 1.7

- 関数が定義されている範囲，また考察の対象となっている範囲において，極大値（極小値）は一つとは限りません。複数の極大値（極小値）があった場合には，それらの中で最も大きな（小さな）ものが最大値（最小値）となります。

- 関数が極大，極小となる点ではその導関数の値はゼロですが，その逆は必ずしも正しくありません。関数 $f(x) = x^3$ がその例です。

極大と極小その 2

要点 1.2 $x = a$ で $f'(x) = 0$ となることが判明したとき，その点で関数が極大，あるいは極小となっているかどうかは，導関数 $f'(x)$ の導関数（2 次導関数）$f''(x)$ の符号によって判断します。

$$f'(a) = 0, \ f''(a) < 0 \ \text{ならば}, x = a \ \text{で極大}$$
$$f'(a) = 0, \ f''(a) > 0 \ \text{ならば}, x = a \ \text{で極小}$$

例題 1.16 の解答

(1) $f'(x) = 2x$ と $f''(x) = 2 > 0$ より，$x = 0$ で極小値 $f(0) = 0$ をとる。

(2) 平方完成を使えば，$f(x) = (x-1)^2 + 2$ より，$x = 1$ のとき極小値 2 をとることがわかる。あるいは $f'(x) = 2(x-1)$ と $f''(x) = 2 > 0$ であることから極小値 $f(1) = 2$ をもとめることもできる。

> **例題 1.17** 以下の関数について各問いに答えなさい。
>
> (1) $f(x) = \exp(-x^2 + 2x - 3)$ の極大値をもとめなさい。
>
> (2) $x_i, (i = 1, \ldots, n)$ が与えられたとき, $\prod_{i=1}^{n} \exp\{-(x_i - a)^2\}$ の極大値を与える点 a をもとめなさい。

例題 1.17 の解答

(1) 指数関数の場合，単調増加関数なので，指数部分の極大値（極小値）をもとめて，その指数をもとめることと，指数関数自体の極大値（極小値）をもとめることは同じであるといえます。したがって，以下では指数部分 $-x^2 + 2x - 3$ を関数 $g(x)$ と考え，その極大値をもとめます。$g'(x) = -2x + 2$ がゼロとなるのは $x = 1$ で，$g''(x) = -2 < 0$ より，関数 $g(x)$ は $x = 1$ で極大値 $g(1) = -2$ となります。したがって，$f(x)$ に関しては $x = 1$ のとき極大値 $f(1) = e^{-2}$ となることがわかります。

(2) この問題の関数が，何についての関数になっているかに注意が必要です。ここでは，x_i は与えられた値になっています。したがって，問題の関数は a の関数になっていますので $f(a) = \prod_{i=1}^{n} \exp\{-(x_i - a)^2\}$ とします。さらに，ここで直接この関数 $f(a)$ の極大値をもとめるよりも，対数変換した $\log f(a)$ の極大値をもとめる方が簡単になっています。$\log f(a) = \sum_{i=1}^{n} \{-(x_i - a)^2\}$ より $\left(\log f(a)\right)' = 2\sum_{i=1}^{n}(x_i - a) = 0$ を与えるのは $a = \frac{1}{n}\sum_{i=1}^{n} x_i$ となっています。また，$\left(\log f(a)\right)'' = -2n < 0$ より，$a = \frac{1}{n}\sum_{i=1}^{n} x_i$ のとき関数 $f(a)$ は極大値となっています。

> **Comment 1.8**

統計学では，このように対数変換後の関数について最大値や最小値をもとめる機会が多くあります。(1) の解答例も，実は $f(x)$ を対数変換したものについて極大値をもとめているのです。

理解度 Check

確認 1.13 $x_i, (i = 1, \ldots, 10)$ が以下の表に与えられています。このとき関数 $\prod_{i=1}^{n} \exp\left\{-\frac{1}{2}(x_i - a)^2\right\}$ の極大値を与える点 a をもとめなさい。また，それが極大値になっていることを確かめなさい。

x_1	x_2	x_3	x_4	x_5	x_6	x_7	x_8	x_9	x_{10}
1.0	1.2	0.5	0.4	1.0	0.8	0.3	0.2	1.0	0.6

確認 1.14 以下の各問いに答えなさい。

(1) p を $0 < p < 1$ とするとき，$p(1-p)$ を最大にする p をもとめなさい。

(2) $x_i, (i = 1, \ldots, n)$ が与えられたとき，$\prod_{i=1}^{n} \lambda^{x_i} e^{-\lambda}$ の極大値を与える点 λ をもとめなさい。ただし $\lambda > 0$, $x \geq 0$ とします。

第2章
確率変数と分布

2.1 離散確率変数
   2.1.1 離散確率変数の考え方
   2.1.2 代表的な離散確率変数

2.2 連続確率変数
   2.2.1 連続確率変数の考え方
   2.2.2 一様分布・正規分布・指数分布
   2.2.3 カイ2乗分布・t分布・F分布

2.3 確率分布表の使い方

2.4 複数の確率変数

2.5 その他の事項

2.1 離散確率変数

2.1.1 離散確率変数の考え方

ここでは，サイコロの目のように確率変数が離散的な値しかとらない**離散確率変数**についてみていきます。

> **例題 2.1** サイコロを投げたときに出る目に関して以下の問いに答えなさい。
>
> (1) 2以下である確率　　(2) 2.3以下である確率
>
> (3) 4よりも大きい確率　(4) 3より大きく5以下である確率

POINT

─ 確率関数と（累積）分布関数 ─

定義 2.1 確率変数 X が $x_1, x_2 \ldots, x_n$ の値をとるとき（ただし，$x_1 < x_2 < \ldots < x_n$ とする），X が x_i をとる確率を**確率関数** $p(x_i)$ であらわします。そして，$P(X \leq x)$ を（累積）**分布関数** $F(x)$ であらわします。

サイコロを投げるという試行を例に確率関数 $p(x)$ と（累積）分布関数 $F(x)$ を描くと図 2.1 のようになります。x 軸に垂直に立つ点線が確率関数 $p(x)$ で，1, 2, ..., 6 で 1/6 の確率をとっています。階段状になっている実線が（累積）分布関数です。この例の場合は $x_1 = 1, x_2 = 2, \ldots, x_6 = 6$ で，$F(x)$ は $x_1, \ldots, x_6$ の中で，x 以下となっているものの確率関数を合計したものになっています。

図 2.1

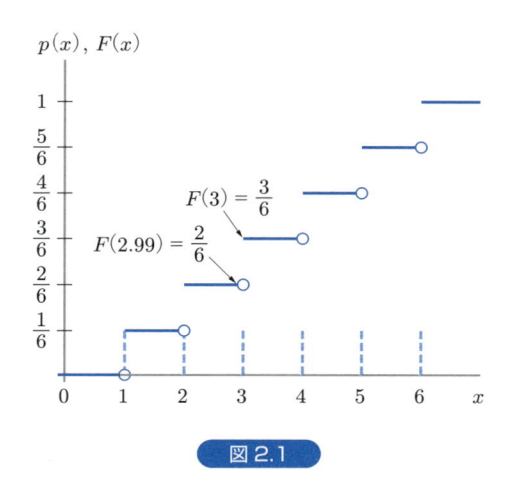

例題 2.1 の解答

分布関数 $F(x)$ を使う問題です。1 から 6 までのそれぞれの目がでる確率は 1/6 ですから，$p(x) = 1/6$, $x = 1, 2, 3, 4, 5, 6$ となっています。それぞれの解答は以下のとおりです。

(1) $P(X \leq 2) = F(2) = p(1) + p(2) = \dfrac{2}{6} = \dfrac{1}{3}$

(2) $P(X \leq 2.3) = F(2.3) = p(1) + p(2) = \dfrac{1}{3}$

(3) $P(4 < X) = p(5) + p(6) = \dfrac{1}{3}$

ですが，$P(4 < X) = 1 - P(X \leq 4) = 1 - F(4)$ からももとめることができます。

(4) $P(3 < X \leq 5) = P(X \leq 5) - P(X \leq 3) = F(5) - F(3)$
$= p(1) + p(2) + p(3) + p(4) + p(5) - \{p(1) + p(2) + p(3)\} = \dfrac{1}{3}$

例題 2.2 模擬店で，サイコロの出る目に応じて 1 個 10 円のお菓子をあげるゲームをしようかと考えています。出店者はお祭りを楽しみたいので，模擬店で儲けようとは思っていませんが，損はしたくないと考えています。このとき，

(1) サイコロの出た目と同じ数のお菓子をあげるゲームに設定したとき，1 回のゲームの値段をいくらに設定すればよいか考えなさい。

(2) サイコロの出た目の 2 乗の数のお菓子をあげるゲームに設定したとき，1 回のゲームの値段をいくらに設定すればよいか考えなさい。

(3) (1) の設定のとき，1 回あたりの費用の分散を求めなさい。

POINT

— 期待値と分散 —

定義 2.2 離散確率変数 X の**期待値** $E[X]$ と**分散** $V[X]$ は確率関数 $p(x_i)$ を使って，

$$E[X] = \sum_{i=1}^{n} x_i p(x_i), \quad V[X] = E[(X - E[X])^2] = \sum_{i=1}^{n} (x_i - \mu)^2 p(x_i)$$

によって定義されます。ただし，$\mu = E[X]$ です。

Comment 2.1

分散 $V[X]$ は以下のように $(X - \mu)^2$ の期待値のことです。$(X - \mu)^2$ は，確率変数 X がその平均 $\mu = E[X]$ のまわりでどの程度ちらばっているかをあらわすものになっています。ただし，$(X - \mu)^2$ も確率変数ですから，分散はその期待値で定義されています。定義 1.10（p.20）と比べてみると，どの i に

関しても同じウエイト $1/n$ だったものが $p(x_i)$ と確率にかわっていることがわかります。

例題 2.2 の解答

(1) サイコロを投げたときに出る目を X，その値を $x_1 = 1$, $x_2 = 2$, $\ldots$, $x_6 = 6$ とします。1回のゲームにかかる費用を Y とすれば，$Y = 10X$ であり，Y も確率変数です。$E[Y]$ は平均的にかかる費用を意味するので，この価格で設定するということは，平均的には儲けることもないが損もしないことになります。

$$E[Y] = E[10X] = 10E[X] = 10\sum_{i=1}^{6} x_i p(x_i)$$
$$= 10\left(1 \times \frac{1}{6} + 2 \times \frac{1}{6} + \cdots + 6 \times \frac{1}{6}\right) = 35$$

なので，ゲームを1回35円に設定すれば，平均的には儲けもしないが損もしないことになります。

(2) (1) と同様に，1回のゲームにかかる費用を W とすれば，$W = 10X^2$ です。$E[W]$ で価格を決めれば，平均的には儲けることもないが損もしません。

$$E[W] = E[10X^2] = 10\sum_{i=1}^{6} x_i^2 p(x_i)$$
$$= 10 \times \left(1^2 \times \frac{1}{6} + 2^2 \times \frac{1}{6} + \cdots + 6^2 \times \frac{1}{6}\right) = \frac{910}{6} = \frac{455}{3}$$

であるので，ゲームを1回 $455/3$ 円に設定すれば，平均的には儲けもしないが損もしません。

(3) (1) では $Y = 10X$ で，$E[Y] = 35$ ですから，分散は**定義 2.2** より，以下のとおりです。

$$V[Y] = E[(Y-35)^2]$$
$$= (10-35)^2 \times \frac{1}{6} + (20-35)^2 \times \frac{1}{6} + \cdots + (60-35)^2 \times \frac{1}{6}$$
$$= \frac{1750}{6} = \frac{875}{3}$$

「2.5 その他の事項」で説明しますが，性質 2.2 の (1) を使うと上の計算は，$V[Y] = V[10X] = 10^2 V[X]$ というように，X の分散を 10^2 倍したものと同じになります。

2.1.2 代表的な離散確率変数

以下では，代表的な確率分布について説明していきます。

例題 2.3 ある人が 1 日に 36 レースの馬券を単勝一点で買うとき，平均して 3 レースで当たっています。このとき，以下の確率をもとめなさい。

(1) 1 レースも当たらない確率　(2) 6 レース以上当たる確率

POINT

─ベルヌーイ分布─

定義 2.3 X を，0 か 1 のどちらかをとる確率変数とします。このとき，確率変数 X は**ベルヌーイ分布**に従うといいます。成功確率を p としたとき，その確率関数 $p(x)$ は以下のとおりです。
$$p(x) = p^x (1-p)^{1-x}$$
期待値と分散はそれぞれ，$E[X] = p$, $V[X] = p(1-p)$ です。

> **Comment 2.2**

たとえば，コイン投げは試行の結果が「表」と「裏」の2種類です。「表」と「裏」，「成功」と「失敗」など結果が2種類しかなく，各試行が互いに独立で，表が出る確率や成功確率はどの試行でも同じものは**ベルヌーイ試行**とよばれます。そして，その結果を0と1に対応させて，従っている分布をベルヌーイ分布とよんでいます。

> **POINT**

コイン投げを5回繰り返したときに表が出る回数はどのような分布に従っていると考えられるでしょうか。同じように，支持率調査などで，「支持する」，「支持しない」と答えた人数の分布はどのようなものでしょうか。このようなことを記述するのに適切なものが，次で説明する二項分布です。

二項分布

定義 2.4 ベルヌーイ試行を n 回繰り返したとき，1 が出る回数を確率変数 X とします。つまり，X は $0, 1, \ldots, n$ の値をとります。このとき，確率変数 X は**二項分布**に従うといい，成功確率を p，試行回数を n としたとき，その確率関数は以下のとおりです。

$$p(x) = {}_nC_x p^x (1-p)^{n-x}, \ x = 0, 1, \ldots, n$$

期待値と分散はそれぞれ，$E[X] = np$, $V[X] = np(1-p)$ です。

> **Comment 2.3**

${}_nC_x$ は n 個の中から x 個を選び出す組合せの数で，

$$_nC_x = \frac{n!}{x!(n-x)!}, \ x = 0, 1, \ldots, n$$

と計算します。ただし，$n! = 1 \times 2 \times \cdots \times n$ で，$0! = 1$ と定義します。

> **POINT**

次のポアソン分布は，二項分布と同様，回数や個数に関連する確率分布です。

ポアソン分布

定義 2.5 確率変数 X のとりうる値が 0 以上の整数で，確率関数が

$$p(x) = \frac{\mu^x e^{-\mu}}{x!},\ x = 0, 1, \ldots$$

で与えられるとき，X は**ポアソン分布**に従っているといいます。このポアソン分布は，起きる確率が小さい事象が何回起きるかという回数に関する確率変数です。期待値は $E[X] = \mu$，分散は $V[X] = \mu$ です。

> **Comment 2.4**

- ポアソン分布は考察対象としている事象が起きる確率が 1 回の試行では小さいけれど，試行回数が多い場合にどの程度起きるか，いいかえるとあまり起きないような事象が何回起きるかを記述するのに適している分布です。例をあげると，自動車保険 1 契約当たりの交通事故の確率は非常に小さいが，多数の契約をかかえている損保会社がどの程度の件数の事故が起きるのかに関心があるような場合にもちいられます。
- 確率をもとめるのに必要なものは，二項分布では各試行の成功確率 p と試行総回数 n でしたが，ポアソン分布では期待値 μ になっています。
- 個数や回数に関する確率分布には，二項分布とポアソン分布がよく利用されます。どちらを使うかは，考察対象で前提とされていることから判断します。ポイントは，考察対象の事象が起きる確率 p の大きさです。p が小さく，n が大きい状況ではポアソン分布を利用するのが適当だと考えられます。

例題 2.3 の解答

この問題からは，レースで当たる回数が離散的であることと，試行回数が 36 回であること，その平均が 3 であることの 3 つがわかります。馬券が当たる確率は 3/36 であり，10%以下となります。1 回の試行では当たる確率は小さいけれど，何度も単勝一点買いをすればある程度当たりそうだと考えられます。そこで，Comment 2.4 より，レースで当たる数は $\mu = 3$ のポアソン分布に従っていると考えることにします。

(1)　$p(0) = \dfrac{3^0 e^{-3}}{0!} = 0.05$ より，1 レースも当たらない確率は 5%です。

(2)　いま，求める確率は $P(X \geq 6) = 1 - P(X \leq 5)$ なので，

$$\begin{aligned}
1 - P(X \leq 5) &= 1 - \bigl(p(0) + p(1) + p(2) + p(3) + p(4) + p(5)\bigr) \\
&= 1 - \left(\frac{3^0 e^{-3}}{0!} + \frac{3^1 e^{-3}}{1!} + \cdots + \frac{3^5 e^{-3}}{5!}\right) \\
&= 1 - 0.916 = 0.084
\end{aligned}$$

8.4%の確率で，6 レース以上当たりそうだということがわかります。

例題 2.3 の別解

この問題は，レースの総数が 36 とわかっているので，レースで当たる数は試行回数 $n = 36$，成功確率 $p = 3/36$ の二項分布に従っているとも考えられます。(1) の問題を二項分布で計算すると，

$$p(0) = {}_{36}C_0 \left(\frac{1}{12}\right)^0 \left(1 - \frac{1}{12}\right)^{36-0} = 0.044$$

となり，ポアソン分布を想定したときと同じような結果が得られます。

理解度 Check

確認 2.1 以下の確率変数がどのような分布に従うと考えるのが適切か答えなさい。

(1) 赤と緑の 2 種類が入った袋入りのキャンディで，袋の中に入っている緑のキャンディの個数。

(2) 1 カ月の間に双子の人たちに出会う回数。ただし，同じ人たちは回数に加えません。

確認 2.2 例題 2.2 の (1) の設定で，

(1) 200 回分のゲームを行うには何個のお菓子を準備すればよいか計算しなさい。

(2) 1 回 50 円で 200 回のゲームを行った場合，利益がいくらになるか計算しなさい。

STEP UP 2.1

応用 2.1 例題 2.3 の設定を少し変えて，1 日 12 レースに単勝一点買いをしたとき，平均して 1 日に 3 レース当たっているとします。このとき，

(1) 1 レースも当たらない確率をもとめなさい。

(2) 6 レース以上当たる確率をもとめなさい。

2.2 連続確率変数

2.2.1 連続確率変数の考え方

ここでは，受付けでの待ち時間や為替レートのような連続的な値をとる**連続確率変数**についてみていきます。

> **POINT**
>
> ─ 確率密度関数と（累積）分布関数 ─
>
> **定義 2.6** 離散確率変数の確率関数 $p(x)$ に対応するものを連続確率変数では**確率密度関数**といい $f(x)$ であらわします。連続確率変数の場合，確率はこの確率密度関数を積分することでもとめられます。離散確率変数の（累積）分布関数に対応するものは，連続確率変数でも（累積）**分布関数**といい，同じく $F(x)$ であらわし，以下のように定義します。
>
> $$F(x) = P(X \leq x) = \int_{-\infty}^{x} f(t)dt$$

> **Comment 2.5**

連続確率変数が特定の1つの値をとる確率はゼロです。たとえば区間 [0,1] 上の連続確率変数 X を考えます。この区間 [0,1] には無数の点があり，それら一つひとつにゼロでない確率が与えられると，その合計は無限大になってしまいます。そこで，連続確率変数では1点をとる確率はゼロとしているのです。確率については，$P(a \leq X \leq b)$ のように連続確率変数が区間 [a, b] に含まれる確率を考えることにします。この確率は，分布関数を使って以下のように表現することができます。

図 2.2

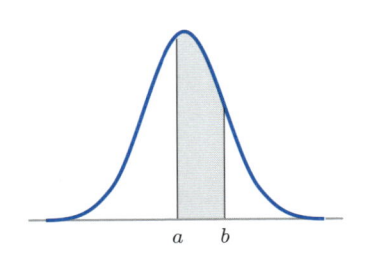

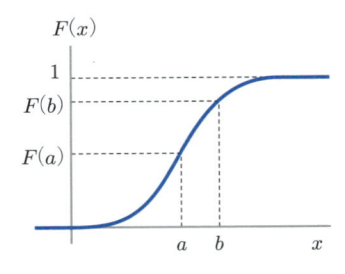

$$P(a \leq X \leq b) = P(a < X \leq b) = P(X \leq b) - P(X \leq a) = F(b) - F(a)$$
$$= \int_{-\infty}^{b} f(t)dt - \int_{-\infty}^{a} f(t)dt = \int_{a}^{b} f(t)dt$$

この積分の値は図 2.2 の左側の確率密度関数の灰色の部分の面積です。

Comment 2.6

- 性質 1.3（p.28）の (5) から，定義 2.6 にある分布関数 $F(x)$ を微分したものが確率密度関数 $f(x)$ になっていることがわかります。
- すべての x において $f(x) \geq 0$ で $\int_{-\infty}^{\infty} f(x)dx = 1$ になっています。
- 確率密度関数 $f(x)$ は連続確率変数 X が 1 点 x となる確率 $P(X = x)$ ではありません。確率でないので確率密度というよび名がついていると考えてもよいでしょう。

> **POINT**
>
> ─ 期待値と分散 ─
>
> **定義 2.7** 連続確率変数 X の**期待値** $E[X]$ と**分散** $V[X]$ は
>
> $$E[X] = \int_{-\infty}^{\infty} xf(x)dx,$$
> $$V[X] = E[(X - E[X])^2] = \int_{-\infty}^{\infty} (x-\mu)^2 f(x)dx$$
>
> と定義されます。ただし，$\mu = E[X]$ です。

Comment 2.7

離散確率変数での期待値の**定義 2.2**（p.42）では，確率関数 $p(x)$ をウエイトとする x の加重和でしたが，連続確率変数の場合は確率密度関数 $f(x)$ をウエイトとする x の積分になっています。

2.2.2 一様分布・正規分布・指数分布

以下では代表的な確率分布について説明していきます。

> **例題 2.4** X が $[0,2]$ 上で一様分布に従っているとします。このとき X の分布関数をもとめなさい。また $P(1 \leq X \leq 1.5)$ をもとめなさい。

POINT

― 一様分布 ―

定義 2.8 区間 $[a,b]$ で一様に同じ確からしさを持っている確率変数を X とします。このとき X は**一様分布**に従っているといい，X の確率密度関数は以下の式で与えられます。

$$f(x) = \begin{cases} \dfrac{1}{b-a}, & a \leq x \leq b \\ 0, & x < a,\ b < x \end{cases}$$

期待値と分散はそれぞれ，$E[X] = \dfrac{b+a}{2}$，$V[X] = \dfrac{(b-a)^2}{12}$ です。

Comment 2.8

- 例題 1.13（p.28）は $E[X] = (b+a)/2$ の証明になっており，同様の手順を踏めば，$V[X] = (b-a)^2/12$ も示すことができます。
- 一様分布に従う確率変数は連続なので，特定の一点をとる確率はゼロです。たとえば，X が $[0,1]$ 上で一様分布しているとき $f(0) = f(0.5) = f(1) = 1$ ですが，これらは確率密度であって確率ではありません。

例題 2.4 の解答

区間 $[0, 2]$ 上では確率密度関数は**定義 2.8** より $f(x) = 0.5$ なので，$0 \leq x \leq 2$ のときは

$$F(x) = \int_{-\infty}^{x} f(t)dt = \int_{-\infty}^{0} 0 \, dt + \int_{0}^{x} 0.5 \, dt = \Big[0.5t \Big]_{0}^{x} = 0.5x$$

となっています。このことより X の分布関数は以下のようになります。

$$F(x) = \begin{cases} 0, & x < 0, \\ 0.5x, & 0 \leq x \leq 2, \\ 1, & 2 < x \end{cases}$$

そして，$P(1 \leq X \leq 1.5)$ は以下のようにもとめることができます。

$$P(1 \leq X \leq 1.5) = F(1.5) - F(1) = 0.5 \times 1.5 - 0.5 \times 1 = 0.25$$

連続確率変数が特定の一点をとる確率はゼロなので $P(X = 1) = 0$ であり，このことから $P(1 \leq X \leq 1.5) = P(1 < X \leq 1.5)$ となっています。

例題 2.5 確率変数 X の確率密度関数が以下のとき，X はどのような分布に従うかを答えなさい．

(1) $f(x) = \dfrac{1}{\sqrt{8\pi\sigma^2}} \exp\left\{-\dfrac{(x-\mu)^2}{8\sigma^2}\right\}$

(2) $f(x) = \dfrac{1}{\sqrt{\pi}} \exp\left\{-(x-3\mu)^2\right\}$

(3) $\exp\left(x - \dfrac{1}{2}\right) \dfrac{1}{\sqrt{2\pi}} \exp\left(-\dfrac{x^2}{2}\right)$

POINT

―正規分布――

定義 2.9 連続確率変数 X の確率密度関数が

$$f(x) = \frac{1}{\sqrt{2\pi}\sigma} \exp\left\{-\frac{1}{2}\left(\frac{x-\mu}{\sigma}\right)^2\right\}$$

であるとき，X は平均 μ，分散 σ^2 の **正規分布** に従っているといいます．また，X が正規分布に従うことを，$X \sim N(\mu, \sigma^2)$ とあらわします．期待値と分散はそれぞれ，$E[X] = \mu$，$V[X] = \sigma^2$ です．

図2.3 は平均 μ，分散 σ^2 の正規分布の確率密度関数です．平均を中心にした左右対称な山が一つという特徴的な形をしています．この形は，確率変数 X が平均の近辺の値をとる可能性が高く，平均よりも大きな値や小さな値をとる可能性が低いことを示すものになっています．

図 2.3

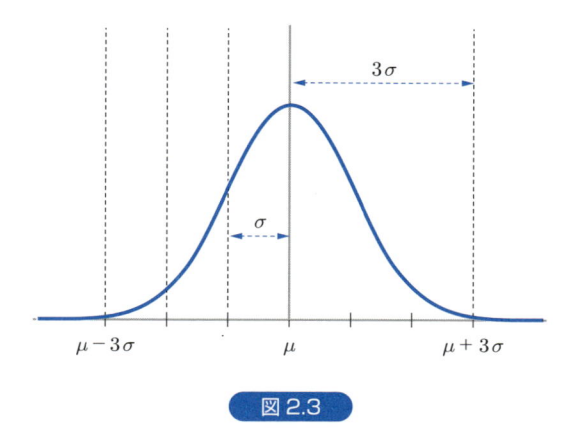

Comment 2.9

- $\mu = 0$, $\sigma^2 = 1$ の正規分布は**標準正規分布**とよばれています。
- $Z \sim N(0,1)$ のとき，$X = \mu + \sigma Z$ は平均 μ，分散 σ^2 の正規分布に従っています。
- X と Y がともに正規分布に従っている確率変数とすると，$aX + bY$ も正規分布に従います。ただし，a と b は定数です。

例題 2.5 の解答

(1) $N(\mu, 4\sigma^2)$ (2) $N(3\mu, 0.5)$

(3)
$$\exp\left(x - \frac{1}{2}\right) \frac{1}{\sqrt{2\pi}} \exp\left(-\frac{x^2}{2}\right) = \frac{1}{\sqrt{2\pi}} \exp\left\{-\frac{1}{2}(x^2 - 2x + 1)\right\}$$
$$= \frac{1}{\sqrt{2\pi}} \exp\left\{-\frac{1}{2}(x - 1)^2\right\}$$

と変形でき，$N(1,1)$ であることがわかります。

正の値をとる連続確率変数で，待ち時間や経過時間といった時間に関するものを取り扱う際に利用される**指数分布**について説明します。

> **例題 2.6** ある友達は待ち合わせに平均 10 分遅刻します。X をその友達が待ち合わせに遅れる時間だとすると，
>
> (1) 10 分以内に来る確率をもとめなさい。
>
> (2) 30 分以上遅刻する確率をもとめなさい。

POINT

指数分布

定義 2.10 0 より大きい値をとる確率変数 X の確率密度関数が

$$f(x) = \lambda \exp(-\lambda x)$$

で与えられる確率変数を指数分布といいます。ただし $\lambda > 0$ です。期待値と分散はそれぞれ，$E[X] = \dfrac{1}{\lambda}$，$V[X] = \dfrac{1}{\lambda^2}$ です。指数分布の累積分布関数は，例題 1.15（p.33）でもとめたように，以下のようにあらわすことができます。

$$F(x) = P(X \leq x) = 1 - e^{-\lambda x}$$

> 例題 2.6 の解答

　なるべく待ち合わせの時間には遅れないようにするでしょうから，長時間遅れる可能性は，短時間遅れる可能性より低いと考えてもよいでしょう。そのような性質を記述するのに適切な分布としては，指数分布が考えられます。定義 2.10 より $E[X] = 1/\lambda = 10$ なので，$\lambda = 0.1$ の指数分布を考えます。

(1) 求める確率は $F(10)$ なので，定義 2.10 に $\lambda = 0.1$, $x = 10$ を代入すると，$F(10) = 0.632$ となります。

(2) 30 分以上遅刻する確率は $1 - F(30)$ でもとめられます。$F(30) = 0.95$ なので，$1 - F(30) = 0.05$ となります。

理解度 Check

確認 2.3　X を落とした財布がみつかるまでの日数とします。そして，この X は平均 3 の指数分布に従っていると仮定されています。このとき，

(1) 5 日以内に財布がみつかる確率をもとめなさい。

(2) 3 日目以降 8 日以内に財布がみつかる確率をもとめなさい。

(3) 10 日目以降に財布がみつかる確率をもとめなさい。

2.2.3 カイ2乗分布・*t*分布・*F*分布

以下で紹介する確率分布は，応用の機会が多いものですが，その確率密度関数や分布関数自身をもちいることはあまりありませんので最小限の説明を与えておきます。

POINT

―― カイ2乗分布 ――

定義 2.11 互いに独立に標準正規分布に従う確率変数 $Z_i, (i=1,\ldots,n)$ の2乗和は自由度 n の**カイ 2 乗分布**（χ^2 分布）に従っています。

$$\sum_{i=1}^{n} Z_i^2 \sim \chi^2(n)$$

自由度 n のカイ2乗確率変数の期待値は n で分散は $2n$ です。

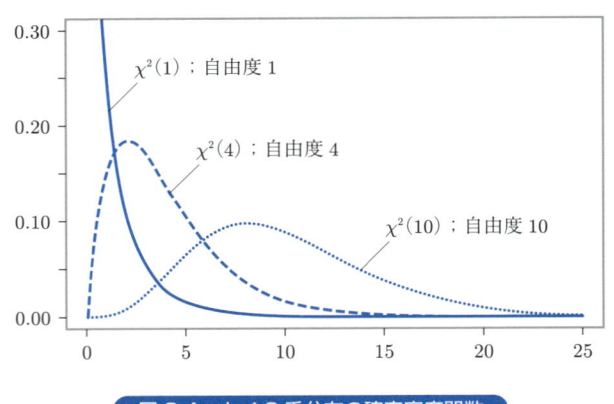

図2.4：カイ2乗分布の確率密度関数

t 分布

定義 2.12 標準正規分布に従う確率変数 Z と自由度 n のカイ 2 乗確率変数 V が互いに独立に分布しているとき,以下の比は自由度 n の **t 分布**に従っています.

$$\frac{Z}{\sqrt{\dfrac{V}{n}}} \sim t(n)$$

自由度 n の t 分布に従う確率変数の期待値は 0(ただし,$n > 1$ のとき)で,分散は $n/(n-2)$ です(ただし,$n > 2$ のとき).

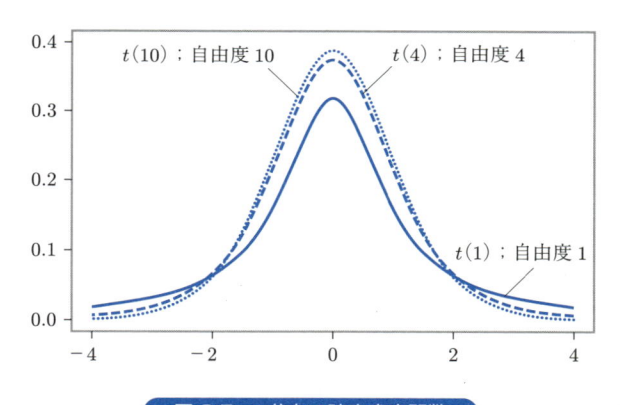

図 2.5:t 分布の確率密度関数

F 分布

定義 2.13 互いに独立に分布している 2 つのカイ 2 乗確率変数 U と V に関して,以下の比は自由度 (m, n) の **F 分布**に従っています。ただし,$U \sim \chi^2(m)$, $V \sim \chi^2(n)$ です。

$$\frac{\dfrac{U}{m}}{\dfrac{V}{n}} \sim F(m, n)$$

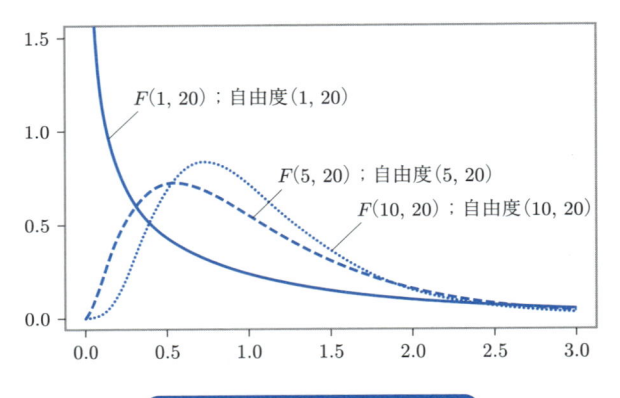

図 2.6:F 分布の確率密度関数

> **Comment 2.10**

- ここで紹介した分布のいずれも，その期待値や分散といった分布の特徴を決めているのは**自由度**です。この自由度は，その確率変数を構成している独立な確率変数の数に対応しています。
- カイ2乗分布やその比をもちいて定義される F 分布に従う確率変数は，マイナスの値をとらない非負の確率変数です。
- 自由度 1 の t 分布は**コーシー分布**ともよばれ，期待値が存在しません（定義に従って期待値を計算すると無限大になります）。
- t 分布の形状は，標準正規分布と同様にゼロを中心に左右対称の形をしていますが，標準正規分布よりも分布の裾が厚い分布になっています。
- 自由度が大きな t 分布の形状は，ほぼ標準正規分布と同じです。

2.3　確率分布表の使い方

前節でみたように，一様分布や指数分布の確率密度関数は，比較的簡単に積分することができたので，期待値や確率を計算することができました。しかし，正規分布やこれから扱う t 分布などでの確率計算は，頻繁に出てきますが，積分によってもとめることは非常に大変です。そこで，準備された標準正規分布表や t 分布表から確率を計算する方法についてみていきます。

POINT

―標準化―

定義 2.14　$E[X] = \mu$, $V[X] = \sigma^2$ の確率変数 X を考えます。確率変数 X を平均 0，分散 1 の確率変数に変換することを**標準化**といいます。標準化は，

$$Z = \frac{X - \mu}{\sigma}$$

によって行われます。このとき，$E[Z] = 0$, $V[Z] = 1$ です。

Comment 2.11

a, b を定数とします。$E[X] = \mu$, $V[X] = \sigma^2$ の確率変数 X を考えたとき，確率変数 $aX + b$ の期待値と分散は次のとおりです。

$$E[aX + b] = a\mu + b, \quad V[aX + b] = a^2 \sigma^2$$

こちらを用いれば，

$$E[Z] = E\left[\frac{X-\mu}{\sigma}\right] = \frac{1}{\sigma} E[X - \mu] = \frac{1}{\sigma}(E[X] - \mu) = \frac{1}{\sigma}(\mu - \mu) = 0,$$

$$V[Z] = V\left[\frac{X-\mu}{\sigma}\right] = V\left[\frac{X}{\sigma} - \frac{\mu}{\sigma}\right] = V\left[\frac{X}{\sigma}\right] = \frac{1}{\sigma^2} V[X] = \frac{\sigma^2}{\sigma^2} = 1$$

であることを容易に示すことができます。

以下では正規分布と t 分布に従う確率変数の確率・分位点の求め方についてみていきます。

POINT

標準正規分布表

要点 2.1

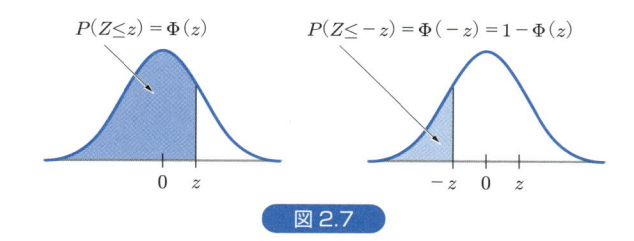

$P(Z \leq z) = \Phi(z)$ $P(Z \leq -z) = \Phi(-z) = 1 - \Phi(z)$

図 2.7

$Z \sim N(0, 1), \ P(Z \leq z)$

z	.00	.01	$\cdots$	.08	.09
0.0	0.5000	0.5040	$\cdots$	0.5319	0.5359
0.1	0.5398	0.5438	$\cdots$	0.5714	0.5753
$\vdots$	$\vdots$	$\vdots$	$\ddots$	$\vdots$	$\vdots$
2.9	0.9981	0.9982	$\cdots$	0.9986	0.9986
3.0	0.9987	0.9987	$\cdots$	0.9990	0.9990

巻末の**標準正規分布表**には，図 2.7 の左図の z の点と累積確率 $\Phi(z)$ が示されています。標準正規分布表の左の列ラベルには小数 1 桁までの z の値（0.0 から 3.0 まで）が，上の行ラベルには z の小数第 2 位の値（.00 から .09 まで）が示されています。そして，その中には与えられた z のもとで，$\Phi(z) = P(Z \leq z)$ の確率，すなわち，図 2.7 の左図の青くなっている部分の面積が示されています。ただし，$\Phi(\cdot)$ は標準正規分布の（累積）分布関数をあらわしています。

また，標準正規分布表には $z \geq 0$ の確率しかのっていませんが，正規分布の対称性（図 2.7 の右図からわかるように，$z \geq 0$ に対して，

$P(Z \leq -z) = P(Z \geq z)$ となっていることがわかります）をもちいれば

$$P(Z \leq -z) = \Phi(-z) = 1 - \Phi(z)$$

という関係式から，確率 $P(Z \leq -z)$ をもとめることができます．

例題 2.7 ある試験における平均点が 55 点，分散が 196 でした．そして，A 君のこの試験における点数は 50 点，B 君は 72 点でした．このとき以下の問いに答えなさい．ただし得点の分布は正規分布に従っていると考えることにします．

(1) A 君の偏差値をもとめなさい．

(2) B 君の得点は上位何%に入っているといえますか．

(3) 得点の上位 10%に入るには何点以上であればよいかもとめなさい．

POINT

― $N(\mu, \sigma^2)$ での確率 ―

要点 2.2 $X \sim N(\mu, \sigma^2)$ のときは以下の関係式を利用すると，標準正規分布表が使えます．

$$P(X \leq x) = P\left(\frac{X-\mu}{\sigma} \leq \frac{x-\mu}{\sigma}\right) = \Phi\left(\frac{x-\mu}{\sigma}\right), \quad \text{ただし } \sigma > 0$$

この関係式より，μ と σ の値がわかっていれば，標準正規分布の累積分布関数 $\Phi(z)$ の z に $(x-\mu)/\sigma$ を代入することで，確率 $P(X \leq x)$ を標準正規分布表からもとめることができます．たとえば，$\mu = 1$，$\sigma = 2$ のときに，$P(X \leq 7)$ を知りたければ，$(x-\mu)/\sigma = (7-1)/2 = 3$ なので，$P(X \leq 7) = \Phi(3) = 0.9987$ となります．

> 例題 2.7 の解答

(1) は Comment 2.11（p.62）に関する問題です。そして，(2) は Comment 2.12（p.67）の (1) のような確率をもとめる問題，(3) は Comment 2.12 の (2) のような点をもとめる問題になっています。

(1) テストの点数を X であらわすと，$X \sim N(55, 196)$ です。まず，A 君の点数を標準化すると，$(50-55)/14 = -0.36$ です。**偏差値**は，得点を平均が 50，標準偏差が 10 になるように変換したものなので，標準化された得点 -0.36 を以下のように変換すると偏差値がもとめられます。

$$50 + 10 \times (-0.36) = 46.4$$

(2) B 君の得点は上位何%に入っているかを考える問題なので，確率 $P(X \geq$ B 君の得点$) = P(X \geq 72) = 1 - P(X \leq 72)$ がわかればよいのです。B 君の点数を標準化すると，$(72-55)/14 = 1.21$ なので，標準正規分布表より $P(Z \leq 1.21) = \Phi(1.21) = 0.8869$ であることがわかります。もとめる確率は $P(X \geq$ B 君の得点$) = 1 - 0.8869 = 0.1131$ であることから，B 君は上位 11.31% に入っていることがわかります。

(3) 上位 10% の人の点数は，$P(X \leq a) = 0.9$ となる a をもとめればよいので，標準化して，

$$P\left(\frac{X-55}{14} \leq \frac{a-55}{14}\right) = 0.9$$

を考えます。標準正規分布表から，確率が 0.9 となる点は，約 1.28 であることがわかります。すなわち，$(a-55)/14 = 1.28$ であるので，$a = 55 + 1.28 \times 14 = 72.92$ となります。したがって，上位 10% の人は 72.92 点以上です。前問の B 君の得点が 72 点だったことを考えると，B 君はもう少しで上位 10% 入りだったことがわかります。

例題 2.8 昨年度の中小企業の賃金上昇率を計算したところ，平均は 1.2%，分散は 0.64 でした。

(1) 賃金上昇率を標準化すると，自由度 5 の t 分布に従うとします。このとき，上位 5% の企業では何%以上賃金が上昇したかもとめなさい。

(2) 賃金上昇率が正規分布に従うとすると，上位 5% の企業では何%以上賃金が上昇したかもとめなさい。

(3) 賃金上昇率を標準化すると，自由度 10 の t 分布に従うとします。このとき，賃金が下落した企業が何%あるかもとめなさい。

POINT

t 分布表

要点 2.3 t 分布は推定や検定を行う際にもちいる分布です。X を自由度 df の t 分布に従う確率変数とすると，自由度 df の大きさによって，分布の裾の厚さが変わってきます。t 分布表には，自由度 df の大きさに依存して，分布の**上側確率** $P(X \geq t)$ に応じた**分位点** t が与えられています。たとえば，自由度 2 の t 分布の上側確率が 0.05 となる点は 2.920，すなわち $P(X \geq 2.920) = 0.05$ ということが分布表からわかります。

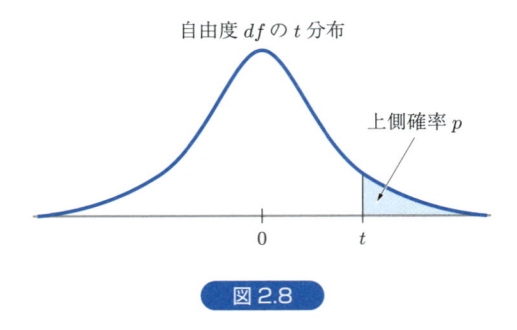

図 2.8

df \ p	0.25	0.1	0.05	0.025	0.01	0.005
1	1.000	3.078	6.314	12.706	31.821	63.657
2	0.816	1.886	2.920	4.303	6.965	9.925
⋮	⋮	⋮	⋮	⋮	⋮	⋮
100	0.677	1.290	1.660	1.984	2.364	2.626

Comment 2.12

- $X \sim N(\mu, \sigma^2)$ のときは，X を標準化することで標準正規分布表を利用することができ，次の 2 つのことが可能になります。
  (1) a がわかっているときに，確率 $P(X < a)$ をもとめること。
  (2) p がわかっているときに，$P(X < a) = p$ となる点 a をみつけること。
- X が自由度 df の t 分布に従っている場合は，t 分布表を利用することで次のことが可能になります。
  ▶ 特定の p，たとえば $p = 0.05, 0.025, 0.01$ に対して，$P(X \geq t) = p$ となる点 t をみつけること

例題 2.8 の解答

(1) と (2) は Comment 2.12 の (2) のような点をもとめる問題です。そして，(3) は Comment 2.12 の (1) のような確率をもとめる問題になっています。

(1) 賃金上昇率を X とすると，もとめたい点は $P(X \geq t) = 0.05$ となる点 t です。賃金上昇率を標準化すると，正規分布のときと同様に，
$$P\left(\frac{X - 1.2}{0.8} \geq \frac{t - 1.2}{0.8}\right) = 0.05 \text{ となります。そこで } t^* = \frac{t - 1.2}{0.8}$$
とします。t 分布表から，自由度 5 を横へみていくと，0.05 となる点 $t^* = 2.015$ であることがわかります。$t^* = (t - 1.2)/0.8$ だったので，

$t = 1.2 + 2.015 \times 0.8 = 2.812$ となっています．よって，上位 5%の企業は 2.812%以上賃金が上昇しているといえます．

(2) (1) と同様に標準化して，$P\left(\dfrac{X-1.2}{0.8} \geq \dfrac{c-1.2}{0.8}\right) = 0.05$ となります．$c^* = (c-1.2)/0.8$ とすると，標準正規分布表から $c^* = 1.645$ であることがわかります．$c = 1.2 + 1.645 \times 0.8 = 2.516$ となるので，上位 5%の企業は 2.516%以上賃金が上昇しているといえます．

(3) 賃金が下落した企業の確率は $P(X \leq 0)$ です．まず，標準化すると，
$$P(X \leq 0) = P\left(\dfrac{X-1.2}{0.8} \leq \dfrac{0-1.2}{0.8}\right) = P\left(\dfrac{X-1.2}{0.8} \leq -1.5\right)$$
となります．$t \geq 0$ に対して，$P(X \leq -t) = P(X \geq t)$ となるので，$P\left(\dfrac{X-1.2}{0.8} \geq 1.5\right)$ をもとめてみましょう．t 分布表の自由度 10 をみると，1.5 の点は 0.1 と 0.05 の間にあることがわかります．正確な確率はわかりませんが，賃金が下落した企業は 5%以上 10%未満であることがわかります．

Comment 2.13

例題 2.8 の (1) と (2) では同じ上位 5%に対応する点を，それぞれ分布を t 分布と正規分布で考えています．その結果，(1) の t 分布の方が大きい値となっています．これは t 分布の裾が厚いことからくる違いです．

理解度 Check

確認 2.4 ある年の大卒者の平均初任給は，製造業で 19 万円，金融業で 22 万円でした。また，これらの分散は製造業で 9，金融業で 8 でした。各業種の初任給は正規分布に従っていると考えたとき，

(1) 金融業の何％の企業が，製造業の大卒者の初任給の平均を上回っているかもとめなさい。

(2) 金融業の大卒者の初任給の上位 10％は，いくら以上の初任給であり，その額を上回る企業が製造業には何％あるかもとめなさい。

STEP UP 2.2

応用 2.2 例題 2.7 の設定を少し変えて，この試験を 1 万人が受けていたとします。さらに，C 君が 53 点，D 君が 75 点だったとします。このとき，

(1) A 君と C 君の間には何人いると考えられるかもとめなさい。

(2) B 君と D 君の間には何人いると考えられるかもとめなさい。

2.4　複数の確率変数

複数の確率変数の関係は，それらの**同時分布**であらわします。以下では，同時分布から導かれるものして，確率変数が離散の場合の**同時確率関数**，連続の場合の**同時確率密度関数**とそれらに関連する事項をまとめます。

> **POINT**
>
> ─ 同時確率（密度）関数と周辺確率（密度）関数 ─
>
> **定義 2.15**　確率変数 X, Y について，とりうる値が X は $x_1, x_2, \ldots, x_m$, Y は $y_1, y_2, \ldots, y_n$ であるときは，$(X, Y) = (x_i, y_j)$ となる確率 $P(X = x_i, Y = y_j)$ を**同時確率関数** $p(x_i, y_j)$ を
>
> $$p(x_i, y_j) = P(X = x_i, Y = y_j)$$
>
> とし，それぞれの確率関数，すなわち**周辺確率関数** $p_X(x_i)$, $p_Y(y_j)$ を
>
> $$p_X(x_i) = \sum_{j=1}^{n} p(x_i, y_j), \ p_Y(y_j) = \sum_{i=1}^{m} p(x_i, y_j)$$
>
> と定義します。
>
> 確率変数 X, Y が連続な場合は，$(X, Y) = (x, y)$ における**同時確率密度関数**を $f(x, y)$ とし，それぞれの**周辺確率密度関数** $f_X(x)$, $f_Y(y)$ を以下のように定義します。
>
> $$f_X(x) = \int_{-\infty}^{\infty} f(x, y) dy, \ f_Y(y) = \int_{-\infty}^{\infty} f(x, y) dx$$

確率変数が互いに独立であるかどうかは，同時確率関数と周辺確率関数，また同時確率密度関数と周辺確率密度関数の間に特別な関係式が成り立つかどうかによって定められています。

> **POINT**
>
> ─ 確率変数の独立性 ─
>
> **定義 2.16** 確率変数 X と Y に関して, 離散確率変数の場合は,
>
> $$p(x_i, y_j) = p_X(x_i) \times p_Y(y_j)$$
>
> がすべての x_i と y_j の組合せに対して成立するとき, 連続確率変数の場合は,
>
> $$f(x,y) = f_X(x) \times f_Y(y)$$
>
> が成立するとき, X と Y は互いに独立であるといいます。

Comment 2.14

- 離散確率変数の同時確率関数と周辺確率関数の関係は, 後で説明する分割表での独立性の検定で利用されます。
- 母集団から独立に抽出された標本 $\{X_1, \ldots, X_n\}$ がベルヌーイ分布に従っている場合, $\{X_1, \ldots, X_n\}$ の同時確率関数は独立性の定義より

$$p(x_1, x_2, \ldots, x_n) = p(x_1) \times p(x_2) \times \cdots \times p(x_n)$$

となります。さらに 定義 2.3 (p.44) から $p(x_i) = p^{x_i}(1-p)^{1-x_i}$ なので, 同時確率関数は以下のようにあらわすことができます。

$$p(x_1, x_2, \ldots, x_n) = \prod_{i=1}^{n} p^{x_i}(1-p)^{1-x_i}$$

理解度 Check

確認 2.5 以下の問いに答えなさい。

(1) 連続確率変数 X と Y の同時確率密度関数を $f(x,y)$ とします。X と Y が互いに独立な場合，定義 2.16 を使って周辺確率密度関数 $f_X(x)$ をもとめなさい。

(2) 互いに独立に平均 μ_i，分散 σ_i^2 の正規分布に従っている確率変数 $X_i, (i=1,\ldots,n)$ の同時確率密度関数を明記しなさい。

POINT

2 つの確率変数 X と Y の関連の度合いをあらわす共分散と相関係数，さらにそれらと独立性との関係をまとめておきます。

共分散

定義 2.17 確率変数 X と Y の**共分散**は，

$$Cov[X,Y] = E[(X-\mu_X)(Y-\mu_Y)]$$

で定義され，離散確率変数の場合は，

$$Cov[X,Y] = \sum_{i=1}^{m}\sum_{j=1}^{n}(x_i-\mu_X)(y_j-\mu_Y)p(x_i,y_j)$$

連続確率変数の場合は，

$$Cov[X,Y] = \int_{-\infty}^{\infty}\int_{-\infty}^{\infty}(x-\mu_X)(y-\mu_Y)f(x,y)dxdy$$

と定義されます。ただし $\mu_X = E[X]$, $\mu_Y = E[Y]$ です。

--- 相関係数 ---

定義 2.18 相関係数は X と Y をそれぞれ標準化した $\dfrac{X-E[X]}{\sqrt{V[X]}}$ と $\dfrac{Y-E[Y]}{\sqrt{V[Y]}}$ の共分散であり，以下のように定義されます．

$$\text{相関係数} \quad \rho_{XY} = \frac{Cov[X,Y]}{\sqrt{V[X]}\sqrt{V[Y]}}$$

--- 独立な確率変数の積の期待値 ---

性質 2.1 X と Y が互いに独立であるとき，確率変数の積の期待値 $E[XY]$ は，それぞれの期待値の積 $E[X] \times E[Y]$ と表現できます．

$$E[XY] = E[X] \times E[Y]$$

Comment 2.15

- 確率変数 X と Y が互いに独立な場合，共分散はゼロとなります．

$$Cov[X,Y] = E[(X-\mu_X)(Y-\mu_Y)] = 0$$

- 相関係数の定義式の分子に共分散 $Cov[X,Y]$ があるので，確率変数 X と Y が互いに独立な場合，相関係数もゼロとなっています．また，相関係数がゼロのとき X と Y は**無相関**であるといいます．
- これらの事実は，独立な確率変数の積の期待値が，それぞれの期待値の積であらわすことができるということ（**性質 2.1**）からきています．

$$E[(X-\mu_X)(Y-\mu_Y)] = E[(X-\mu_X)] \times E[(Y-\mu_Y)] = 0$$

- 逆に，確率変数 X と Y の相関係数（共分散）がゼロであっても，確率変数 X と Y が互いに独立であるかどうかはわかりません．共分散がゼロと

いう事実からだけでは，定義 2.16（p.71）にある関係式が成立しているかどうか確認できないからです。

> **例題 2.9** 連続確率変数 X と Y が互いに独立であるとき，性質 2.1 を確かめなさい。

例題 2.9 の解答

同時確率密度関数を $f(x,y)$，それぞれの周辺確率密度関数を $f_X(x)$, $f_Y(y)$ とすると，

$$E[XY] = \int_{-\infty}^{\infty} \int_{-\infty}^{\infty} xy f(x,y) dx dy$$

（X と Y は互いに独立なので，定義 2.16 から）

$$= \int_{-\infty}^{\infty} x f_X(x) dx \times \int_{-\infty}^{\infty} y f_Y(y) dy = E[X] \times E[Y]$$

理解度 Check

確認 2.6 確率変数 X とその平均 $\mu_X = E[X]$ に関して，$E[X - \mu_X]$ がゼロであることを確認しなさい。

2.5 その他の事項

> **POINT**
>
> ─ 確率変数の期待値について ─
>
> **性質 2.2** 期待値，分散に関して，覚えておくと便利なものをまとめておきます。X と $X_i, (i=1,\ldots,n)$ を確率変数とします。
>
> (1) a が定数のとき
> $$E[a] = a,\ E[aX] = aE[X],\ V[a] = 0,\ V[aX] = a^2 V[X]$$
>
> (2) $E\bigl[\,E[X]\,\bigr] = E[X],\quad E\bigl[\,X - E[X]\,\bigr] = 0$
>
> (3) $\displaystyle\sum_{i=1}^{n} X_i - E\Bigl[\sum_{i=1}^{n} X_i\Bigr] = \sum_{i=1}^{n}\bigl(X_i - E[X_i]\bigr)$
>
> (4) $X_i, (i=1,\ldots,n)$ が互いに独立（あるいは無相関）ならば，
> $$V\left[\frac{1}{n}\sum_{i=1}^{n} X_i\right] = \frac{1}{n^2} V\left[\sum_{i=1}^{n} X_i\right] = \frac{1}{n^2}\sum_{i=1}^{n} V[X_i]$$

Comment 2.16

- (1) は Comment 2.11（p.62）で $b=0$ とすれば導かれます。
- 期待値 $E[X]$ は定数です。このことと (1) から (2) が導かれます。
- (4) について，最初の等号は (1) から。2 つ目の等号に関しては，$n=2$ で以下に具体的に示します。

定義 2.2（p.42）や定義 2.7（p.51）にあるように確率変数 X の分散の定義

は $V[X] = E[(X - E[X])^2]$ です。したがって，確率変数 $X_1 + X_2$ に関しては

$$V[X_1 + X_2] = E\left[(X_1 + X_2 - E[(X_1 + X_2)])^2\right]$$
$$= E\left[\{(X_1 - E[X_1]) + (X_2 - E[X_2])\}^2\right]$$
$$= \sum_{i=1}^{2} E[(X_i - E[X_i])^2] + 2E[(X_1 - E[X_1])(X_2 - E[X_2])]$$
$$= V[X_1] + V[X_2] + 2Cov[X, Y]$$

とあらわすことができます。最終項は X_1 と X_2 が互いに独立（あるいは無相関）の場合にはゼロなので，$V[X_1 + X_2] = V[X_1] + V[X_2]$ となります。

> **例題 2.10** $V[X] = E[X^2] - (E[X])^2$ であることを示しなさい。

例題 2.10 の解答

$$V[X] = E[(X - E[X])^2] = E[X^2 - 2XE[X] + (E[X])^2]$$
$$= E[X^2] - 2E[XE[X]] + E[(E[X])^2]$$
$$(E[X] \text{ が定数なので，性質 2.2 の (1) より)}$$
$$= E[X^2] - 2E[X]E[X] + (E[X])^2 = E[X^2] - (E[X])^2$$

理解度 Check

確認 2.7 母集団 X（期待値 $E[X] = \mu$，分散 $V[X] = \sigma^2$）から**無作為抽出**した標本 $X_1, X_2, \ldots, X_n$ について以下の問いに答えなさい。ただし，無作為抽出された標本に関しては X_i と X_j（$i \neq j$）は互いに独立です。

(1) 標本平均 $\bar{X}$ の期待値をもとめなさい。

(2) 標本平均 $\bar{X}$ の分散をもとめなさい。

> **POINT**

― 対数正規分布 ―

定義 2.19 X が $N(\mu, \sigma^2)$ に従うとき，$Y = e^X$ が従う分布を**対数正規分布**といいます。平均と分散はそれぞれ以下のとおりです。

$$E[Y] = e^{\left(\mu + \frac{\sigma^2}{2}\right)}, \ V[Y] = e^{2\mu + \sigma^2}\left(e^{\sigma^2} - 1\right)$$

> **Comment 2.17**

- 対数正規分布は非負の確率変数で，名称は対数変換すると正規分布に従う確率変数となることに由来しています。
- 応用として，資産価格が従う確率分布に対数正規分布，投資収益率については正規分布を仮定することがあります。これは，以下の理由によります。まず，時点 t での資産価格を P_t とします。価格は非負ですから，対数正規分布を仮定するのはおかしなことではありません。投資収益率は $r_t = \log P_t - \log P_{t-1}$ と定義されます。対数正規分布に従っている P_t を対数変換したものは，正規分布に従い，正規分布に従う 2 つの確率変数の差も正規分布に従うことから，P_t に対数正規分布を仮定すると，r_t が正規分布に従うことになります。価格の非負性，収益率の正規性は応用上，都合がよく，資産価格に対数正規分布を仮定する理由になっています。
- 対数正規分布に従う確率変数 Y の期待値は，対数正規分布の確率密度関数を使った積分が難しいため，以下のことに注意してもとめます。
  ▶ 確率変数 Y は確率変数 X の関数 e^X であることを利用します。
  ▶ 確率変数 X の確率密度関数は**定義 2.9**（p.54）で示しているものです。
  ▶ 確率変数 e^X の k 乗の期待値 $E[(e^X)^k] = E[e^{kX}]$ をもとめます。

$$
\begin{aligned}
E[Y^k] = E[e^{kX}] &= \int_{-\infty}^{\infty} \exp(kx) \frac{1}{\sqrt{2\pi\sigma^2}} \exp\left\{-\frac{1}{2\sigma^2}(x-\mu)^2\right\} dx \\
&= \int_{-\infty}^{\infty} \frac{1}{\sqrt{2\pi\sigma^2}} \exp\left\{-\frac{1}{2\sigma^2}(x^2 - 2\mu x + \mu^2 - 2\sigma^2 kx)\right\} dx \\
&= \exp\left(\mu k + \frac{\sigma^2 k^2}{2}\right) \\
&\quad \times \int_{-\infty}^{\infty} \frac{1}{\sqrt{2\pi\sigma^2}} \exp\left\{-\frac{1}{2\sigma^2}\left(x - (\mu + k\sigma^2)\right)^2\right\} dx
\end{aligned}
$$

この式の最終行の積分は平均 $(\mu + k\sigma^2)$，分散 σ^2 の正規分布に従う確率変数の確率密度関数を全範囲で積分したもので，その値は 1 になります（Comment 2.6（p.50）参照）。したがって，$E[Y^k] = \exp(\mu k + \sigma^2 k^2/2)$ となります。

理解度 Check

確認 2.8　上でもとめた $E[Y^k]$ を使って，$E[Y]$ と $V[Y]$ をもとめなさい。

第3章
推 定

- **3.1 母集団の代表値の推定**
  - 3.1.1 点推定
  - 3.1.2 区間推定
  - 3.1.3 標本サイズ
- **3.2 応用問題**

3.1 母集団の代表値の推定

母集団のすべてではなく，一部を観測した標本によって母集団の特性（平均，分散）をあきらかにする方法についてみていきます。はじめに，母集団の平均について，その値そのものを**推定**する方法（**点推定**）と，その値が含まれていると考えられる区間を推定する方法（**区間推定**）について説明します。

3.1.1 点推定

> **例題 3.1** 以下は，平均 μ と分散 σ^2 が未知の母集団からの標本を無作為抽出した結果です。このとき μ と σ^2 を推定しなさい。
>
> | x_1 | x_2 | x_3 | x_4 | x_5 | x_6 | x_7 | x_8 | x_9 | x_{10} |
> |---|---|---|---|---|---|---|---|---|---|
> | 1.0 | 1.2 | 0.5 | 0.4 | 1.0 | 0.8 | 0.3 | 0.2 | 1.0 | 0.6 |
>
> ただし，$\sum_{i=1}^{10} x_i = 7.0$, $\sum_{i=1}^{10} x_i^2 = 5.98$ です。

POINT

母集団の平均と分散の点推定

要点 3.1 平均 μ, 分散 σ^2 の母集団 X からの標本サイズ n の無作為標本を $\{X_1, X_2, \ldots, X_n\}$ とします。未知の母集団の平均 μ は，**標本平均** $\bar{X}$ によって推定することができます。

$$\bar{X} = \frac{1}{n} \sum_{i=1}^{n} X_i$$

未知の母集団の分散 σ^2 は，**標本分散** S^2 によって推定することができます。

$$S^2 = \frac{1}{n-1} \sum_{i=1}^{n} (X_i - \bar{X})^2$$

Comment 3.1

- ここでは本当の μ や σ^2 がわからないので，標本 $X_i, (i=1,\ldots,n)$ を使って推定することを考えています。
- 未知の μ や σ^2 を推定している $\bar{X}$ や S^2 は**推定量**とよばれます。
- 標本 $\{X_1, X_2, \ldots, X_n\}$ を確率変数と考えていますから，それを使って作成されている推定量も確率変数で，その実現値は**推定値**とよばれます。
- μ の推定量である $\bar{X}$，σ^2 の推定量である S^2 はどちらも**不偏性**（$E[\bar{X}] = \mu$, $E[S^2] = \sigma^2$），**一致性**（n が無限大のときには，推定量 $\bar{X}$, S^2 が推定対象 μ, σ^2 に一致する確率が 1 となる性質）を持っています。
- 母集団が正規分布に従っているときは，その母集団を**正規母集団**とよび，そのとき μ の推定量である $\bar{X}$ は正規分布に従います。また，他のどの不偏推定量よりも分散が小さい推定量です。そのような性質を**効率性**とよびます。

例題 3.1 の解答

定義通りに標本平均と標本分散を計算することもできますが，ここでは表の下にある x_i と x_i^2 の和を使った解答例を示します。

$$\bar{x} = \frac{1}{10}\sum_{i=1}^{10} x_i = 0.7, \quad s^2 = \frac{1}{9}\sum_{i=1}^{10}(x_i - \bar{x})^2 = \frac{1}{9}\left\{\sum_{i=1}^{10} x_i^2 - 10\bar{x}^2\right\} = 0.12$$

Comment 3.2

標本分散の計算には応用 1.1（p.15）にある $\sum_{i=1}^{n}(x_i - \bar{x})^2 = \sum_{i=1}^{n} x_i^2 - n\bar{x}^2$ を利用しています。

理解度 Check

確認 3.1　推定量と推定値の違いを説明しなさい。

確認 3.2　平均 μ，分散 σ^2 の正規母集団 $N(\mu, \sigma^2)$ からの標本サイズ n の無作為標本を $X_i, (i = 1, \ldots, n)$ とします。このとき，標本平均 $\bar{X}$ の平均，分散をもとめなさい。また，$\bar{X}$ が従う確率分布は何かを答えなさい。

3.1.2 区間推定

次に，未知の値を一つの値として点推定するのではなく，その未知の値が含まれていると考えられる区間を推定する区間推定について説明します。ここでは，特に正規母集団の平均の区間推定をとりあげます。

> **例題 3.2** 以下の問いに答えなさい。
>
> (1) 平均 μ，分散 4 の正規母集団から無作為抽出された標本サイズ 25 の標本による標本平均は 0.8 でした。このとき，μ の信頼係数 0.95 の信頼区間をもとめなさい。
>
> (2) 平均 μ，分散 σ^2 の正規母集団から無作為抽出された標本サイズ 25 の標本からの標本平均は 0.8，標本分散 s^2 は 4 でした。このとき，μ の信頼係数 0.95 の信頼区間をもとめなさい。
>
> (3) ある母集団から無作為抽出された標本サイズ 900 の標本からの標本平均は 0.8，標本分散は 4 でした。このとき，母集団の平均の信頼係数 0.95 の信頼区間をもとめなさい。

> **POINT**
>
> **母集団平均の区間推定**
>
> **要点 3.2** 平均 μ, 分散 σ^2 の正規母集団 X からの標本サイズ n の無作為標本を $\{X_1, X_2, \ldots, X_n\}$ とします。**信頼係数** $1-\alpha$ の母集団の未知の平均 μ の**信頼区間**は分散 σ^2 が既知のとき,未知のときのそれぞれで以下のように得ることができます。
>
> - 既知のとき:$\bar{x} - c_{\alpha/2} \times \sqrt{\dfrac{\sigma^2}{n}} \leq \mu \leq \bar{x} + c_{\alpha/2} \times \sqrt{\dfrac{\sigma^2}{n}}$
>
> - 未知のとき:$\bar{x} - t_{n-1, \alpha/2} \times \sqrt{\dfrac{s^2}{n}} \leq \mu \leq \bar{x} + t_{n-1, \alpha/2} \times \sqrt{\dfrac{s^2}{n}}$
>
> ただし,$\bar{x}$ は標本平均 $\bar{X}$ の実現値,s^2 は標本分散 S^2 の実現値,$c_{\alpha/2}$ は $\Phi(c_{\alpha/2}) = 1 - \alpha/2$ となる点,$t_{n-1, \alpha/2}$ は自由度 $n-1$ の t 分布の上側確率 $\alpha/2$ を与える点でそれぞれ標準正規分布表,t 分布表からもとめられます。

Comment 3.3

- 母集団の未知の平均の区間推定をするには,標本平均 $\bar{X}$ と標本平均の分散 $V[\bar{X}]$,そして $(\bar{X} - \mu)/\sqrt{V[\bar{X}]}$ が従う確率分布が必要となります。
- 信頼係数 90% で信頼区間をもとめるということは,もとめた信頼区間に未知の母集団の平均 μ が入っている確率が 0.9 ということです。そしてこの場合,定義中の α は 0.1 です。この α は,未知の母集団の平均がその信頼区間に含まれない確率になっています。
- ここでは,母集団には正規母集団を仮定しましたが,母集団が正規母集団ではない,あるいはその分布が未知の場合にも標本サイズが大きく,標本平均を標準化したものの確率分布を標準正規分布で近似できる場合は,

$$\bar{x} - c_{\alpha/2} \times \sqrt{\frac{s^2}{n}} \leq \mu \leq \bar{x} + c_{\alpha/2} \times \sqrt{\frac{s^2}{n}}$$

によって信頼区間をもとめます．この正規近似の根拠は，**中心極限定理**とよばれる定理にあります．

> 例題 3.2 の解答

(1) 分散が既知の正規母集団で，標本サイズが 25 なので

$$\bar{x} - c_{\alpha/2} \times \sqrt{\frac{\sigma^2}{n}} \leq \mu \leq \bar{x} + c_{\alpha/2} \times \sqrt{\frac{\sigma^2}{n}}$$

$$0.8 - 1.96 \times \sqrt{\frac{4}{25}} \leq \mu \leq 0.8 + 1.96 \times \sqrt{\frac{4}{25}}$$

$$0.016 \leq \mu \leq 1.584$$

となります．

(2) 分散が未知の正規母集団で，標本サイズが 25 なので，

$$\bar{x} - t_{n-1,\alpha/2} \times \sqrt{\frac{s^2}{n}} \leq \mu \leq \bar{x} + t_{n-1,\alpha/2} \times \sqrt{\frac{s^2}{n}}$$

$$0.8 - 2.064 \times \sqrt{\frac{4}{25}} \leq \mu \leq 0.8 + 2.064 \times \sqrt{\frac{4}{25}}$$

$$-0.026 \leq \mu \leq 1.626$$

となります．

(3) 母集団の分布は未知ですが，標本サイズが 900 と大きいので，中心極限定理によって正規近似を行い信頼区間を得ます．

$$\bar{x} - c_{\alpha/2} \times \sqrt{\frac{s^2}{n}} \leq \mu \leq \bar{x} + c_{\alpha/2} \times \sqrt{\frac{s^2}{n}}$$

$$0.8 - 1.96 \times \sqrt{\frac{4}{900}} \leq \mu \leq 0.8 + 1.96 \times \sqrt{\frac{4}{900}}$$

$$0.669 \leq \mu \leq 0.931$$

例題 3.3 ある地方自治体の首長の支持率を調査する目的で，アンケート調査を行いました．有権者は 700 万人以上おり，母集団は無限母集団に近いと想定できます．有権者を無作為に 100 人選び出し，回答をまとめたところ，34 人が支持するという結果になりました．全数調査をしていないので真の支持率は不明ですが，アンケート調査の結果からは支持率は 34% になります．このとき，信頼係数 0.95 での支持率の信頼区間をもとめなさい．

例題 3.3 の解答

支持する・しないという 2 通りの結果に関することなので，母集団 X はベルヌーイ分布（定義 2.3（p.44））に従い，支持するなら $X = 1$，不支持なら $X = 0$ で，$P(X = 1)$ である支持率（未知の値）を p とします．このとき，$E[X] = p$ で，$V[X] = p(1-p)$ となっています．さらに，標本である第 i 番目の人の回答を X_i とします．支持率 p の点推定は標本平均 $\bar{X}$ でできます．実際，標本平均の実現値 $\bar{x}$ は 0.34 でした．

ここで問題は，未知の p の信頼区間をもとめることです．母集団は正規母集団ではありませんが，Comment 3.3 の 3 番目の項目の場合にあたり，$(\bar{X} - p)/\sqrt{V[\bar{X}]}$ の分布が標準正規分布で近似できると考えます．ただし，標本平均の分散は $V[\bar{X}] = p(1-p)/100$ であることはわかりますが，その値は p の値がわからないとわかりません．そこで，未知の p にはその推定値である $\bar{x} = 0.34$ を代入し，信頼区間をもとめます．

$$\bar{x} - c_{\alpha/2} \times \sqrt{\frac{\bar{x}(1-\bar{x})}{100}} \leq p \leq \bar{x} + c_{\alpha/2} \times \sqrt{\frac{\bar{x}(1-\bar{x})}{100}}$$

より $0.34 - 1.96 \times 0.05 \leq p \leq 0.34 + 1.96 \times 0.05$ となり，$0.242 \leq p \leq 0.438$ を得ます．

理解度 Check

確認 3.3 以下の問いに答えなさい。

(1) 平均が未知で分散が既知の正規母集団からの無作為標本を使って，母集団の平均の信頼区間をもとめるとき，利用する確率分布は何か答えなさい。

(2) 信頼係数を $1-\alpha$ とするとき，母集団平均の区間推定の説明にある $c_{\alpha/2}$ や $t_{n-1,\alpha/2}$ のように，$\alpha/2$ を使う理由を考えなさい。

(3) 信頼係数が 0.9 と 0.95 の信頼区間だと，どちらの信頼区間が広いかを答えなさい。

STEP UP 3.1

応用 3.1 あるコンビニエンスストアが販売している幕の内弁当の表示カロリーは 650Kcal です。無作為に選ばれた 25 店舗で購入された幕の内弁当のカロリーを計測したところ，その標本平均 $\bar{x}$ は 646.5Kcal で，標本分散 s^2 は 100 でした。お弁当のカロリーが未知の平均 μ の正規分布に従っていると想定したとき，この μ の 95% 信頼区間をもとめなさい。また，お弁当に表示されていたカロリーが妥当かどうか判断しなさい。

3.1.3 標本サイズ

これまでは，母集団の平均，分散の点推定，そして平均の区間推定について説明してきましたが，ここでは，必要とする精度の答えを得るためにはどのくらいの大きさの標本であればよいかについて説明します。

> **例題 3.4** アルバイトをしているかどうかの割合に関するアンケートを行うことを考えています。以下の問いに答えなさい。
>
> (1) 0.95 以上の確率で割合 p を誤差 0.1 以下で推定するにはどのくらいの大きさの標本が必要かもとめなさい。
>
> (2) 調べたい対象をある大学の経済学部の学生に限定すると，母集団は 1000 人だとします。このとき，0.95 以上の確率で割合 p を誤差 0.1 以下で推定するにはどのくらいの大きさの標本が必要かもとめなさい。

POINT

─ 標本サイズ ─

要点 3.3 $(1-\alpha)$ 以上の確率で，誤差水準をあらかじめ定めた ϵ 以下におさえるために必要な標本サイズ n は，

- 無限母集団の場合：$c_{\alpha/2} \times \dfrac{0.5}{\sqrt{n}} \leq \epsilon$

- 有限母集団の場合：$c_{\alpha/2} \times \sqrt{\dfrac{N-n}{N-1}} \times \dfrac{0.5}{\sqrt{n}} \leq \epsilon$ （N は母集団の大きさ）

を満たすように決定します。ただし，$c_{\alpha/2}$ は標準正規分布表の $\Phi(c_{\alpha/2}) = 1 - \alpha/2$ となる点です。

例題 3.4 の解答

(1) 有限母集団か無限母集団かに関する情報がないので，ここでは無限母集団の状況を考えます。$c_{0.025} \times 0.5/\sqrt{n} \leq 0.1$ を利用します。$\alpha = 0.05$ ですから，標準正規分布表から $c_{0.025} = 1.96$ を得ます。$1.96 \times 0.5/\sqrt{n} \leq 0.1$ より $96.04 \leq n$ となるので，0.95 以上の確率で割合 p を誤差 0.1 以下で推定するために必要な標本サイズは 97 以上となります。

(2) 大きさ 1000 の有限母集団ですから，

$$c_{0.05/2} \times \sqrt{\frac{N-n}{N-1}} \times \frac{0.5}{\sqrt{n}} \leq 0.1 \quad \text{より} \quad 1.96 \times \sqrt{\frac{1000-n}{1000-1}} \times \frac{0.5}{\sqrt{n}} \leq 0.1$$

となるので，$87.705 \leq n$ を得ます。したがって，0.95 以上の確率で割合 p を誤差 0.1 以下で推定するには 88 以上の標本サイズが必要となります。

以上のことから有限標本の場合，無限標本より少ないサンプルで同じ精度の推定ができることがわかります。

理解度 Check

確認 3.4 関東地区では 1700 万世帯がテレビを視聴しています。

(1) テレビの視聴率を 90%以上の確率で，誤差水準 0.01 以下に誤差をおさえるにはどれだけの標本サイズが必要か答えなさい。

(2) テレビの視聴率を 95%以上の確率で，誤差水準 0.01 以下に誤差をおさえるにはどれだけの標本サイズが必要か答えなさい。

(3) テレビの視聴率を 95%以上の確率で，誤差水準 0.05 以下に誤差をおさえるにはどれだけの標本サイズが必要か答えなさい。

3.2　応用問題

確認 2.3（p.57）でみたように，想定している確率分布がわかっていると，実際の興味の対象となる確率をもとめることができました。そこでは具体的に，確率変数 X は母数 $\lambda = 1/3$ の指数分布に従っており，$E[X] = 1/\lambda = 3$ と想定していました。しかし実際には，この $E[X]$ は未知で，観測されたデータによって推定されるものです。ここでは，このようにこれまで既知として取り扱ってきた値を観測値，データから推定する応用問題についてみていきます。

> **例題 3.5**　X を落とした財布がみつかるまでの日数とし，母数 λ の指数分布に従っていると想定しています。ただし，λ はわかりません。調査によれば過去 10 件のデータは以下のようになっています。このとき，λ を推定しなさい。また，5 日以内に財布がみつかる確率を求めなさい。
>
> | x_1 | x_2 | x_3 | x_4 | x_5 | x_6 | x_7 | x_8 | x_9 | x_{10} |
> | --- | --- | --- | --- | --- | --- | --- | --- | --- | --- |
> | 1.7 | 0.8 | 2.6 | 5.5 | 7.0 | 2.9 | 1.7 | 2.5 | 2.2 | 1.0 |

例題 3.5 の解答

要点 3.1 にあるように，X の平均 $E[X] = 1/\lambda$ を標本平均 $\bar{X} = \dfrac{1}{n}\sum_{i=1}^{n} X_i$ によって推定します。$\bar{x} = 2.79$ ですから，λ の推定値を $\hat{\lambda}$ とすると $\hat{\lambda} = 1/2.79 = 0.36$ となります。

$\hat{\lambda} = 0.36$ を定義 2.10（p.56）に代入し，$F(5)$ を求めると，$F(5) = 0.835$ となるので，5 日以内にみつかる確率は 83.5% あります。

> **例題 3.6** 過去 100 日間にわたって円ドル為替レートの 1 日の変化率 $x_i, (i=1,\ldots,100)$ を記録した結果, $\sum_{i=1}^{100} x_i = 0.541$, $\sum_{i=1}^{100} x_i^2 = 59.21$ でした。為替レートの 1 日の変化率は日々，独立で正規分布に従っており，さらに今後も同じように推移すると仮定したとき，以下の問いに答えなさい。
>
> (1) 円高になる確率をもとめなさい。
>
> (2) 次の 100 日間，平均的に円高になるといえるかどうか，その確率をもとめて判断しなさい。

例題 3.6 の解答

為替レートの変化率 X が従っている確率分布に正規分布を想定しているので，その平均と分散がわかればそれぞれの確率をもとめることができます。$E[X] = \mu$, $V[X] = \sigma^2$ はそれぞれ

$$\bar{x} = \frac{1}{100} \sum_{i=1}^{100} x_i = 0.005,$$

$$s^2 = \frac{1}{100-1} \sum_{i=1}^{100} (x_i - \bar{x})^2 = \frac{1}{99} \left\{ \sum_{i=1}^{100} x_i^2 - 100\bar{x}^2 \right\}$$

$$= \frac{1}{99}(59.21 - 100 \times 0.005^2) = 0.598$$

と推定できるので各問いの解答は以下のようになります。

(1) $X \sim N(\mu, \sigma^2)$ で，もとめる確率は $P(X < 0)$ なので，

$$P\left(\frac{X-\mu}{\sqrt{\sigma^2}} < \frac{0-\mu}{\sqrt{\sigma^2}}\right) = \Phi\left(-\frac{\mu}{\sqrt{\sigma^2}}\right)$$

となります。$\mu/\sqrt{\sigma^2}$ の真の値はわかりませんが，未知の μ と σ^2 のかわりに標本平均 $\bar{x}$, 標本分散 s^2 をもちいると，近似として $\mu/\sqrt{\sigma^2} \fallingdotseq 0.01$

を利用します．したがって，もとめる確率は $\Phi(-0.01) = 1 - \Phi(0.01) = 1 - 0.504 = 0.496$ となります．

(2) (1) では為替レートの 1 日の変化率 X を対象にしていましたが，ここでは，次の 100 日間の $X_1, \ldots, X_{100}$ の平均 $\bar{X}$ を対象としています．$\bar{X} \sim N(\mu, \sigma^2/100)$ であることに注意すると

$$P(\bar{X} < 0) = P\left(\frac{\bar{X} - \mu}{\sqrt{\frac{\sigma^2}{100}}} < \frac{0 - \mu}{\sqrt{\frac{\sigma^2}{100}}} \right) = \Phi\left(-\frac{\mu}{\sqrt{\frac{\sigma^2}{100}}} \right)$$

と，もとめる確率は正規分布の累積分布関数で表現できます．しかし $\bar{X}$ を標準化する際に σ^2 に標本分散を利用するので，

$$\tilde{Z} = \frac{\bar{X} - \mu}{\sqrt{\frac{S^2}{100}}} \sim t(99)$$

は自由度 99 の t 分布に従っています．ただ，ここでは μ の値も未知で $\bar{x} = 0.005$ で近似することから，その分布の近似として正規分布を利用します（自由度の大きな t 分布は標準正規分布に近い形をしています）．以下のように μ と σ^2 を $\bar{x}$ と s^2 で近似し，$\mu/\sqrt{\sigma^2/100} \approx \bar{x}/\sqrt{s^2/100}$ $= 0.06$ とすると，もとめる確率は

$$P(\bar{X} < 0) = \Phi(-0.06) = 1 - \Phi(0.06) = 0.476$$

となります．ほとんど 0.5 なのでどちらともいえません．

> **例題 3.7** ある大学の経済学部では，その年の卒業生に対して卒業パーティの案内を出しています。昨年度は，招待人数 300 人に対して参加者は 200 人でした。今年度も同様に計画されていますが，会場となる部屋の候補は A，B，C の 3 つでそれぞれ定員が 150 人，220 人，300 人となっています。また，部屋の利用料金は定員に応じて A < B < C と C が一番高いこともわかっています。このとき，今年度の卒業パーティに関して次の問いに答えなさい。ただし，招待人数は昨年度と同様 300 人です。
>
> (1) 招待者の動向は今年度も昨年度と同じと想定されるとき，今年度の招待者に対する参加者の参加割合をもとめなさい。
>
> (2) 信頼係数 0.95 の参加割合の信頼区間をもとめなさい。
>
> (3) どの部屋を予約すればよいか自分の考えをまとめなさい。

例題 3.7 の解答

(1) 参加割合を p とします。昨年度は招待人数 300 人に対して，参加者は 200 人なので，今年度も参加割合が昨年度と同様であるとすれば，参加割合は $\hat{p} = 200/300 = 2/3$ と予想されます。

(2) Comment 3.3 より，母集団は正規分布ではないですが，標本が 300 と十分に大きいので正規近似から，

$$\hat{p} - c_{\alpha/2} \times \sqrt{\frac{\hat{p}(1-\hat{p})}{n}} \leq p \leq \hat{p} + c_{\alpha/2} \times \sqrt{\frac{\hat{p}(1-\hat{p})}{n}}$$

によって信頼区間をもとめます。$\hat{p} = 2/3$, $\hat{p}(1-\hat{p}) = 2/9$, $n = 300$, $c_{\alpha/2} = 1.96$ なので，信頼区間は $0.613 \leq p \leq 0.720$ となります。

(3) $\hat{p} = 2/3$ なので，平均的には $300 \times \hat{p} = 200$ 人が参加しそうです。しか

し，信頼区間を用いて参加者を計算すると，300×0.613，300×0.720 より参加者は 183.9 人から 216 人の範囲で実現しそうです．したがって，150 人以上の人が参加すると考えられます．また，220 人以上来ることもなさそうなので，B の部屋を借りるのが適切であると考えられます．

理解度 Check

確認 3.5 X をある高速道路の出口での 1 年間の交通事故の発生件数とします．過去 10 年の交通事故発生件数が以下のようであったとき，

x_1	x_2	x_3	x_4	x_5	x_6	x_7	x_8	x_9	x_{10}
9	8	15	12	8	7	8	6	14	7

(1) 年間交通事故発生件数の平均と分散を求めなさい．

(2) X はどのような分布に従っていると考えるのが妥当か答えなさい．

確認 3.6 あるハンバーガーショップのポテト M サイズには，135 g のポテトが入っています．アルバイトの店員は試験で，ポテト M サイズを 10 回作って，その平均が 135 g にできれば，ポテトの調理を許されます．試験の結果，A 君は標本平均 133 g，標本分散 6，B さんは標本平均 134 g，標本分散 3，C 君は標本平均 138 g，標本分散 16 でした．この 3 人をポテトの調理を許可する試験に合格させてよいか検討しなさい．

確認 3.7 東京六大学野球の優勝決定戦の視聴率は 12.1%でした．一方，同日別時間帯に開催されたプロ野球の日本シリーズの視聴率は 9.7%でした．視聴率調査は 600 世帯を対象に行われました．このとき，

(1) 東京六大学野球の優勝決定戦の視聴率の信頼係数 0.9 の信頼区間を求めなさい．

(2) 日本シリーズの視聴率の信頼係数 0.9 の信頼区間を求めなさい．

(3) 東京六大学野球の視聴率が日本シリーズの視聴率を圧倒したか，自分の考えをまとめなさい．

第4章
仮説検定

4.1 母集団の代表値に関する検定
4.1.1 平均値に関する検定
4.1.2 成功確率の検定
4.1.3 平均値の差の検定
4.1.4 等分散性の検定

4.2 適合度検定と分割表・独立性の検定
4.2.1 適合度検定
4.2.2 分割表・独立性の検定

4.1 母集団の代表値に関する検定

ここでは,母集団の代表値である平均と分散に関する検定のうち,利用される機会の多いものについて説明します。

4.1.1 平均値に関する検定

はじめに,母集団の平均が,ある特定の値であるかどうかを検定する問題を考えます。母集団 X は平均 μ,分散 σ^2 の正規母集団とします。また,この母集団 X からのサイズ n の無作為標本を $\{X_1, X_2, \ldots, X_n\}$ とします。このとき,標本平均 $\bar{X}$ は以下のように正規分布に従っています。

$$\bar{X} = \frac{1}{n}\sum_{i=1}^{n} X_i \ \sim \ N\left(\mu, \frac{\sigma^2}{n}\right)$$

母集団の平均 μ に関する検定はこの性質を利用します。

例題 4.1 全国展開しているコンビニエンス・ストアのある商品について,その販売個数は企画段階では 1 日当たり平均 55 個の(正規分布に従った)売行きを示すと想定されていました。実際に,関東地区の店舗から無作為に 10 店舗選び,データを記録したところ $(x_i, i = 1, \ldots, 10)$,その結果は $\sum_{i=1}^{10} x_i = 580$, $\sum_{i=1}^{10} x_i^2 = 33730$ でした。

実際の売行きと企画段階で想定した売行きとが同じかどうかを有意水準 5% で検定しなさい。ただし,販売個数の分布は正規分布であることは正しいと仮定します。

> **POINT**

> **平均値の検定（正規母集団の場合）**
>
> **要点 4.1** 正規母集団の未知の平均 μ が特定の値 μ_0 であるかどうかを**有意水準** α で検定する方法は以下のとおりです。
>
> **帰無仮説** H_0 と**対立仮説** H_1 はそれぞれ
>
> $$H_0 : \mu = \mu_0, \quad H_1 : \mu \neq \mu_0$$
>
> とします。このとき**検定統計量**は (4.1) で与えられます。
>
> $$\frac{\bar{X} - \mu_0}{\sqrt{\dfrac{S^2}{n}}} \tag{4.1}$$
>
> 自由度 $n-1$ の t 分布の上側確率 $\alpha/2$ を与える点を $t_{n-1, \alpha/2}$ とすると
>
> $$\frac{\bar{x} - \mu_0}{\sqrt{\dfrac{s^2}{n}}} < -t_{n-1, \alpha/2} \text{ あるいは } t_{n-1, \alpha/2} < \frac{\bar{x} - \mu_0}{\sqrt{\dfrac{s^2}{n}}}$$
>
> となるとき帰無仮説 H_0 は**棄却**され，対立仮説 H_1 が**採択**されます。ただし $\bar{x}$ と s^2 はそれぞれ標本平均 $\bar{X}$ と標本分散 S^2 の実現値とします。

Comment 4.1

- 検定に利用された $\pm t_{n-1, \alpha/2}$ は**臨界値**とよばれています。
- 対立仮説が $\mu \neq \mu_0$ なので，検定統計量の値が臨界値の $-t_{n-1, \alpha/2}$ より小さいか，$t_{n-1, \alpha/2}$ より大きいとき，帰無仮説を棄却します。このように，検定統計量がその領域に入ると帰無仮説を棄却する領域を**棄却域**といいます。
- 母集団の分散 σ^2 がわかっている場合の検定統計量は (4.2) で与えられます。

$$\frac{\bar{X} - \mu_0}{\sqrt{\frac{\sigma^2}{n}}} \tag{4.2}$$

σ^2 が未知の場合との違いは，この (4.2) が従う分布が（帰無仮説が正しいときは），標準正規分布であることです．したがって，標準正規分布の累積分布関数に関して $\Phi(c_{\alpha/2}) = 1 - \alpha/2$ となる点を $c_{\alpha/2}$ とすると

$$\frac{\bar{x} - \mu_0}{\sqrt{\frac{\sigma^2}{n}}} < -c_{\alpha/2} \quad \text{あるいは} \quad c_{\alpha/2} < \frac{\bar{x} - \mu_0}{\sqrt{\frac{\sigma^2}{n}}}$$

のとき帰無仮説 H_0 は棄却され，対立仮説 H_1 が採択されます．

たとえば，図 4.1 に示すように有意水準 5%であれば $\alpha = 0.05$ のときの臨界値は，$\Phi(c_{0.025}) = 1 - 0.05/2 = 0.975$ となる $c_{0.025}$ ですから，標準正規分布表より $c_{0.025} = 1.96$ となっていることがわかります．

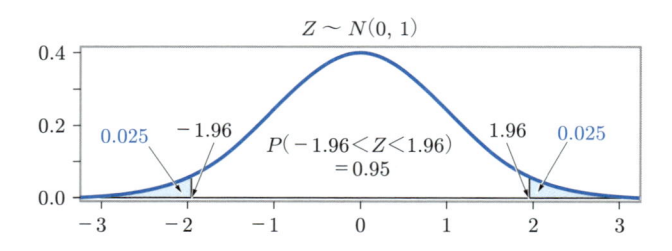

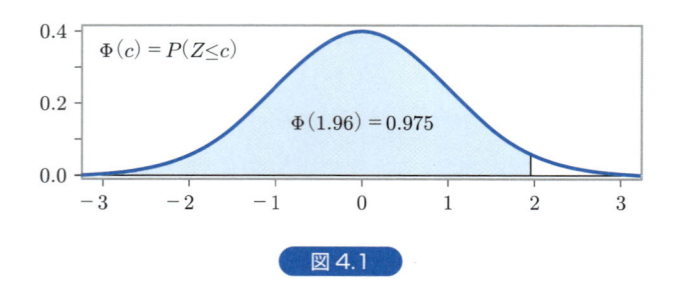

図 4.1

> **棄却域**
>
> **要点 4.2**
> - 帰無仮説と対立仮説がそれぞれ $H_0: \mu = \mu_0$, $H_1: \mu \neq \mu_0$ となっている検定を**両側検定**とよんでいます．これに対して，対立仮説が，$H_1: \mu > \mu_0$ あるいは $H_1: \mu < \mu_0$ となっているものを**片側検定**とよんでいます．
> - 有意水準 α の場合，両側検定なら臨界値は $\pm t_{n-1, \alpha/2}$ （母集団の分散がわかっている場合は $\pm c_{\alpha/2}$）で，棄却域は $(-\infty, -t_{n-1, \alpha/2}]$ と $[t_{n-1, \alpha/2}, \infty)$ の 2 つになります．片側検定の場合，対立仮説が $H_1: \mu > \mu_0$ なら臨界値は $t_{n-1, \alpha}$ （母集団の分散がわかっている場合は c_α）で，棄却域は $[t_{n-1, \alpha}, \infty)$ の 1 つになっています．

例題 4.1 の解答

平均が特定の値 55 と等しいかどうかの検定を行います．この場合，販売個数の分布は正規分布に従っていると仮定していますが，その分散は未知なので，標本分散で推定します．

$$s^2 = \frac{1}{10-1} \sum_{i=1}^{10} (x_i - \bar{x})^2 = \frac{1}{9} \left(\sum_{i=1}^{10} x_i^2 - 10 \bar{x}^2 \right) = 10$$

ここで，検定の対象となる帰無仮説と対立仮説は以下のとおりです．

$$H_0: \mu = 55, \quad H_1: \mu \neq 55$$

検定統計量は (4.1) で，帰無仮説が正しいとき自由度 9 の t 分布に従っており，その値は

$$\frac{\bar{x} - 55}{\sqrt{\dfrac{s^2}{10}}} = \frac{58 - 55}{\sqrt{\dfrac{10}{10}}} = 3$$

となっています．自由度 9 の t 分布の上側確率 0.025 は 2.262 であることか

ら検定統計量の値は 2.262 より大きく，棄却域に入っており，帰無仮説は棄却されます。したがって，有意水準5%で，企画段階での1日当たりの平均販売個数と実際の販売個数は異なっていると判断できます。

理解度 Check

確認 4.1　以下の各問いの仮説について，検定統計量は (4.1) か (4.2) のどちらですか。そして，それはどのような分布に従いますか。また，検定は両側検定ですか片側検定ですか。さらに，有意水準を α とするとき，臨界値，棄却域について答えなさい。ただし，いずれの場合も正規母集団 $N(\mu, \sigma^2)$ とします。

(1)　$H_0 : \mu = 11$, $H_1 : \mu \neq 11$, $\bar{x} = 10$, $n = 10$, σ^2 は未知, $s^2 = 9$

(2)　$H_0 : \mu = 11$, $H_1 : \mu \neq 11$, $\bar{x} = 10$, $n = 10$, $\sigma^2 = 8$

(3)　$H_0 : \mu = 11$, $H_1 : \mu < 11$, $\bar{x} = 10$, $n = 15$, σ^2 は未知, $s^2 = 9$

4.1.2　成功確率の検定

これまでに説明した母集団の平均が，ある特定の値であるかどうかの検定は，政党支持率やテレビの視聴率のような比率・割合に関する検定へ応用できます。

支持する・しない，あるいは番組をみた・みていない，などの二者択一に関する確率変数については，定義 2.3（p.44）にあるベルヌーイ分布を利用します。したがって，考察対象の母集団を X とすると，母集団 X も，そこからの標本 $X_1, X_2, \ldots, X_n$ も成功確率 p のベルヌーイ分布に従っていると考えることができます。このときの以下のような成功確率 p についての検定を考えます。

例題 4.2 ある大学の経済学部の就職内定率は毎年 95%程度です。今年の卒業生は 300 人いて，就職内定率は 91%でした。今年度の就職内定率が平年並みであったかどうか検定しなさい。

POINT

成功確率の検定

要点 4.3 未知の成功確率 p が，ある水準 p_0 であるかどうかを有意水準 α で検定する方法は以下のとおりです。

検定対象となる仮説は

$$H_0 : p = p_0, \quad H_1 : p \neq p_0$$

となり，検定統計量は (4.3) で与えられます。

$$\frac{\bar{X} - p_0}{\sqrt{\dfrac{p_0(1-p_0)}{n}}} \tag{4.3}$$

ただし，$\bar{X}$ は $X_1, \ldots, X_n$ の標本平均で，$\bar{x}$ はその実現値とします。ここで標準正規分布の累積分布関数に関して $\Phi(c_{\alpha/2}) = 1 - \alpha/2$ となる点を $c_{\alpha/2}$ とすると

$$\frac{\bar{x} - p_0}{\sqrt{\dfrac{p_0(1-p_0)}{n}}} < -c_{\alpha/2} \quad \text{あるいは} \quad c_{\alpha/2} < \frac{\bar{x} - p_0}{\sqrt{\dfrac{p_0(1-p_0)}{n}}}$$

のとき帰無仮説 H_0 は棄却され，対立仮説 H_1 が採択されます。

> Comment 4.2

　ベルヌーイ確率変数やその標本平均 $\bar{X}$ を標準化したものを標準正規分布で近似する，といった考え方は既に例題 3.3（p.86）で説明しました。ここでも帰無仮説が正しいときの検定統計量 (4.3) が従う分布は，同様の考え方にもとづいて正規近似できることを利用しています。

例題 4.2 の解答

　いま，検定したいことは今年の就職内定率が 95% であるといってよいか否かです。このとき，帰無仮説と対立仮説は，

$$H_0 : p = 0.95, \quad H_1 : p \neq 0.95$$

となります。そして，問題からは $\bar{x} = 0.91$，$n = 300$，$p_0 = 0.95$ ということがわかっています。有意水準 5% で検定することを考えると，$\sqrt{0.95(1-0.95)/300} \fallingdotseq 0.013$ より検定統計量は $(0.91 - 0.95)/0.013 = -3.077$ となります。両側検定における，有意水準 5% の臨界値は付録の標準正規分布表より，$c_{\alpha/2} = 1.96$ です。臨界値と検定統計量の関係は，$-3.077 < -1.96$ となっているので帰無仮説は有意水準 5% で棄却され，就職内定率は平年と同じではないと結論されます。さらに，今年度の内定率が平年の 95% より小さかったことから，就職内定率は平年より下回っていると結論づけることができます。

理解度 Check

確認 4.2　例題 4.2 では内定率が特定の値かどうかを検定しましたが，ここでは例題 3.3（p.86）と同じように内定率の信頼係数 95% の信頼区間をもとめなさい。

4.1.3 平均値の差の検定

次は，2つ母集団の平均が等しいかどうかを検定する問題について説明します。

> **例題 4.3** 例題 4.1 は関東地区に関する検証で，関東地区の無作為に選ばれた 10 店舗での販売個数に関して，その結果は $\sum_{i=1}^{10} x_i = 580$, $\sum_{i=1}^{10} x_i^2 = 33730$ でした。さらに，関東地区と関西地区で販売個数に差があるかどうかを検証するため，関西地区でも無作為に 10 店舗選び，販売個数を記録したところ，その結果は $\sum_{j=1}^{10} y_j = 590$, $\sum_{j=1}^{10} y_j^2 = 34909$ でした。このとき関東地区と関西地区で販売個数に差があるかどうかを有意水準 5% で検定しなさい。ただし，それぞれの地区での販売個数は正規分布に従っているとし，その分散は等しいと仮定します。

POINT

平均と分散が未知の 2 つの正規母集団 X と Y を考えます。

$$X \sim N(\mu_x, \sigma_x^2), \; Y \sim N(\mu_y, \sigma_y^2)$$

それぞれの母集団からの標本を $X_i, (i=1,\ldots,n_x)$, $Y_j, (j=1,\ldots,n_y)$ とします。このとき，平均 μ_x, μ_y と分散 σ_x^2, σ_y^2 の推定量である標本平均と標本分散は，それぞれ以下のとおりです（要点 3.1（p.81）を参照）。

$$\bar{X} = \frac{1}{n_x} \sum_{i=1}^{n_x} X_i \sim N\left(\mu_x, \frac{\sigma_x^2}{n_x}\right), \; \bar{Y} = \frac{1}{n_y} \sum_{j=1}^{n_y} Y_j \sim N\left(\mu_y, \frac{\sigma_y^2}{n_y}\right),$$

$$S_x^2 = \frac{1}{n_x - 1} \sum_{i=1}^{n_x} (X_i - \bar{X})^2, \; S_y^2 = \frac{1}{n_y - 1} \sum_{j=1}^{n_y} (Y_j - \bar{Y})^2 \tag{4.4}$$

もし，2つの母集団の分散が同じ（$\sigma_x^2 = \sigma_y^2$）と判断できる場合，その分散は

$$S^2 = \frac{1}{n_x + n_y - 2}\left(\sum_{i=1}^{n_x}(X_i - \bar{X})^2 + \sum_{j=1}^{n_y}(Y_j - \bar{Y})^2\right) \quad (4.5)$$

によって推定することができます。

以降，標本平均 $\bar{X}$, $\bar{Y}$ の実現値を $\bar{x}$, $\bar{y}$, 標本分散 S_x^2, S_y^2, S^2 の実現値を s_x^2, s_y^2, s^2 とします。

2つの母集団の未知の平均 μ_x と μ_y が等しいかどうかを検定する方法には，母集団の分散 σ_x^2 と σ_y^2 が等しい場合と等しくない場合の2通りがあります。

平均値の差の検定（正規母集団で分散が等しい場合）

要点 4.4 平均と分散が未知である2つの正規母集団 X と Y に関して $X \sim N(\mu_x, \sigma^2)$, $Y \sim N(\mu_y, \sigma^2)$ とします。このとき，平均 μ_x と μ_y が等しいかどうかを有意水準 α で検定する方法は以下のとおりです。

帰無仮説 H_0 と対立仮説 H_1 は

$$H_0 : \mu_x = \mu_y, \quad H_1 : \mu_x \neq \mu_y$$

で，このとき検定統計量は以下の (4.6) です。

$$\frac{\bar{X} - \bar{Y}}{\sqrt{S^2\left(\dfrac{1}{n_x} + \dfrac{1}{n_y}\right)}} \quad (4.6)$$

自由度 $n-2$ の t 分布の上側確率 $\alpha/2$ を与える点を $t_{n-2, \alpha/2}$ とすると

$$\left|\frac{\bar{x} - \bar{y}}{\sqrt{s^2\left(\dfrac{1}{n_x} + \dfrac{1}{n_y}\right)}}\right| > t_{n-2, \alpha/2}$$

のとき帰無仮説 H_0 は棄却され，対立仮説 H_1 が採択されます。ただし，$n = n_x + n_y$ です。

> **Comment 4.3**

母集団の分散 σ_x^2 と σ_y^2 が等しいので，(4.5) による S^2 を利用しています．したがって，帰無仮説が正しい場合に検定統計量が従っている確率分布は自由度 $n_x + n_y - 2$ の t 分布になっています．

> **例題 4.3 の解答**

2 つの地区の販売個数に関してその母集団を，関東地区 $X \sim N(\mu_x, \sigma^2)$，関西地区 $Y \sim N(\mu_y, \sigma^2)$ とします．

2 つの地区で販売個数に差があるかどうか，という問題なので各店舗の値一つひとつが同じであるかどうかを考えるのではなく，母集団の代表値である平均が同じであるかどうかを考えることにします．よって，このとき検定の対象となる仮説は帰無仮説 $H_0 : \mu_x = \mu_y$，対立仮説 $H_1 : \mu_x \neq \mu_y$ になります．

母集団の分散は等しいと仮定しているので，分散の推定には (4.5)，検定統計量は (4.6) を利用します．有意水準は 5% ($\alpha = 0.05$) で両側検定を行うので，自由度 $n_x + n_y - 2 = 18$ の t 分布の上側確率 0.025 となる点 $t_{18, 0.025} = 2.101$ となり，臨界値は ± 2.101 になります．分散の推定値は (4.5) から

$$s^2 = \frac{1}{10 + 10 - 2}\left(\sum_{i=1}^{10}(x_i - \bar{x})^2 + \sum_{j=1}^{10}(y_j - \bar{y})^2\right)$$
$$= \frac{1}{18}(33730 - 10 \times 58^2 + 34909 - 10 \times 59^2) = \frac{90 + 99}{18} = 10.5$$

となります．検定統計量の値と臨界値との関係は以下で示すように，検定統計量は棄却域に入っておらず，帰無仮説は棄却されません．

$$-2.101 = -t_{18, 0.025} < \frac{\bar{x} - \bar{y}}{\sqrt{s^2\left(\frac{1}{n_x} + \frac{1}{n_y}\right)}} = \frac{58 - 59}{\sqrt{10.5\left(\frac{1}{10} + \frac{1}{10}\right)}} = -0.690$$

「関東地区と関西地区の販売個数の差は無い」という帰無仮説は棄却されませんでした．したがって，検証に利用したデータに関しては，販売個数に差が

ないと判断します。ただし，以下で説明するように帰無仮説が棄却されない場合の結論には注意が必要です。

POINT
帰無仮説が棄却されない場合

> **要点 4.5** 検定では，帰無仮説に反する事実が生じたときに帰無仮説は間違っていると判断（棄却）して，対立仮説を採用します。逆に，帰無仮説が棄却されない場合は，帰無仮説に反する事実が出てきていないだけで「帰無仮説が正しい」ことを示しているわけではありません。

Comment 4.4

例題 4.3 の場合，「2 つの地区の販売個数の差はない」という帰無仮説は棄却されませんでした。販売個数に差があるという証拠が出てきていないだけで，販売個数に差がないということを立証できたわけではありません。現実的な解答としては，販売個数に差はないと判断することになりますが，これはあくまでも行った調査結果に関する限定的な結論であり，再度，調査をしたり，もっと多くの店舗数のデータで検定を行うと帰無仮説が棄却される可能性があることに気をつける必要があります。

POINT

次は 2 つの母集団の分散が等しくない場合を説明します。

平均値の差の検定（正規母集団で分散が等しくない場合）

要点 4.6 平均と分散が未知である 2 つの正規母集団 X と Y に関して $X \sim N(\mu_x, \sigma_x^2)$, $Y \sim N(\mu_y, \sigma_y^2)$ とします。

このとき帰無仮説 H_0 と対立仮説 H_1

$$H_0 : \mu_x = \mu_y, \; H_1 : \mu_x \neq \mu_y$$

を有意水準 α で検定するための検定統計量は (4.7) です。

$$\frac{\bar{X} - \bar{Y}}{\sqrt{\left(\dfrac{S_x^2}{n_x} + \dfrac{S_y^2}{n_y}\right)}} \tag{4.7}$$

Comment 4.5

- 母集団の分散が異なっているので，それぞれの標本分散 (4.4) を利用します。
- この場合，検定統計量 (4.7) が従っている分布は t 分布ですが，自由度は必ずしも $n_x + n_y - 2$ にはなりません。
- 自由度の具体的なもとめ方は複雑なので紹介しませんが，Excel などで利用できる統計分析ツールではその自由度を自動的に計算してくれます。

以下では Excel のデータ分析を使った例を説明します。

例題 4.4 以下の表は，2つの正規母集団 X と Y からのデータです。

x	2.65	1.03	1.68	2.62	1.95	1.02	2.45	1.25	1.94	1.08
	2.32	1.75	2.54	1.43	1.84	1.91	1.62	1.52	1.41	2.38
	1.05									
y	1.05	1.12	1.32	0.98	1.62	1.89	1.42	0.99	1.06	1.68
	1.96	1.85	1.58	1.05	1.15	1.21	1.08	1.43	1.88	1.11

このとき，母集団 X と Y の平均が等しいかどうかを検定しなさい。

例題 4.4 の解答

Excel のデータ分析にある分析ツールの結果に関して説明します。

等分散を仮定

	x	y
平均 ①	1.783	1.372
分散 ②	0.301	0.116
観測数	21	20
プールされた分散 ③	0.211	
仮説平均との差異 ④	0	
自由度 ⑤	39	
t ⑥	2.866	
P(T<=t) 片側 ⑦	0.003	
t 境界値 片側 ⑧	1.685	
P(T<=t) 両側 ⑨	0.007	
t 境界値 両側 ⑩	2.023	

分散が等しくないと仮定

	x	y
平均	1.783	1.372
分散	0.301	0.116
観測数	21	20
仮説平均との差異	0	
自由度 ⑪	34	
t ⑫	2.898	
P(T<=t) 片側	0.003	
t 境界値 片側	1.691	
P(T<=t) 両側 ⑬	0.007	
t 境界値 両側 ⑭	2.032	

左の表は，分析ツールで「t-検定：等分散を仮定した2標本による検定」，右の表は「t-検定：分散が等しくないと仮定した2標本による検定」を実行したものになります。特に変更しなければ，有意水準は $\alpha = 0.05$ が設定されています。表中の①～⑭は解説のためにつけた番号です。

① x と y の標本平均。

② x と y の標本分散 (4.4)。
③ 等分散性を仮定した場合の (4.5) による分散の推定値。
④ 帰無仮説で $\mu_x - \mu_y$ の値を指定するもの。この例題の場合は 0 として，$\mu_x = \mu_y$ を帰無仮説としています。
⑤ 等分散性を仮定した場合の自由度 $n_x + n_y - 2$。
⑥ 検定統計量 (4.6) の値。
⑦ 片側検定の場合の p 値（後で説明）。
⑧ 対立仮説が $\mu_x > \mu_y$ の場合（片側検定）の臨界値 $t_{n_x+n_y-2,\alpha}$ のこと。対立仮説が $\mu_x < \mu_y$ なら $-t_{n_x+n_y-2,\alpha}$ が臨界値になる。
⑨ 両側検定の場合の p 値（後で説明）。
⑩ 対立仮説が $\mu_x \neq \mu_y$ の場合（両側検定）の臨界値 $t_{n_x+n_y-2,\alpha/2}$ のこと。
⑪ 分散が等しくない場合の検定統計量の自由度。
⑫ 分散が等しくない場合の検定統計量 (4.7) の値。
⑬ 両側検定の場合の p 値（後で説明）。
⑭ 対立仮説が $\mu_x \neq \mu_y$ の場合（両側検定）の臨界値。

> **Comment 4.6**

- p 値と有意水準 α の大きさを比べることで，帰無仮説を棄却するかどうかを以下のように判断することができます。

$$p \text{ 値} < \alpha \text{ のとき 有意水準 } \alpha \text{ で帰無仮説を棄却} \tag{4.8}$$

- 結果に関しては，両側検定なので，等分散性を仮定した場合は⑥と⑩（p 値を使えば ⑨ < 0.05）から，分散が等しくない場合は⑫と⑭（p 値を使えば ⑬ < 0.05）から，帰無仮説は有意水準 5%で棄却され，2 つの母集団の平均は等しくないと結論されます。
- 2 つの母集団の分散が等しいかどうかは，後で説明する等分散の検定によって判断します。

> **p 値：平均値の差の検定の場合**
>
> **要点 4.7** 検定統計量を T，帰無仮説が正しいときの T の分布を $P(T < t)$ とします．また，データから計算された T の値を t^* とします（説明を簡潔にするため検定は両側検定で，$t^* > 0$ とします）．このとき p 値は，$P(T < -t^*) + P(t^* < T)$ によって計算されます．
>
> 有意水準 α のときの臨界値を $\pm t_{\alpha/2}$ とすると，$-t^* < -t_{\alpha/2}$ か $t_{\alpha/2} < t^*$ のとき，帰無仮説は棄却されます．帰無仮説が棄却される状況で p 値と有意水準 α の関係をみてみると
>
> p 値 $= P(T < -t^*) + P(t^* < T) \ < \ P(T < -t_{\alpha/2}) + P(t_{\alpha/2} < T) = \alpha$
>
> となっているので (4.8) が導かれます．

4.1.4　等分散性の検定

例題 4.4 は 2 つの母集団の平均が等しいかどうかを検定する問題でした．ここでは同じデータを使って 2 つの母集団の分散が等しいかどうかの検定を Excel の分析ツールの「F-検定：2 標本を使った分散の検定」によって行った結果を示します．それぞれの母集団の分散を σ_x^2，σ_y^2 とすると，帰無仮説と対立仮説はそれぞれ

$$H_0: \sigma_x^2 = \sigma_y^2, \ H_1: \sigma_x^2 \neq \sigma_y^2$$

となります．有意水準 α での両側検定で，検定統計量である 2 つの標本分散の比（「観測された分散比」）が 1 より，極端に大きいか小さい場合に帰無仮説が棄却されます．このとき，2 つの棄却域（0 に近い方の棄却域と 1 より大きい方にある棄却域）における確率はそれぞれ $\alpha/2$ になっています．

F-検定：2 標本を使った分散の検定

	x	y
平均	1.783	1.372
分散	0.301	0.116
観測数	21	20
自由度	20	19
観測された分散比	2.594	
P(F<=f) 片側 ①	0.021	
F 境界値 片側	2.155	

Excel2010 の分析ツールの結果では「片側」という用語が使われているので混乱しますが，①にある「P(F<=f) 片側」は片側に関する p 値で $\alpha/2$ より小さければ帰無仮説を棄却します。臨界値（F 境界値 片側）については片側で有意水準 α の値がもとめられているのでここでは使いません。

実際，Excel2010 の F 検定の結果の表の p 値（P(F<=f) 片側の値）は 0.021 なので，有意水準 5% での検定であれば，$\alpha/2 = 0.025$ よりも p 値が小さく，帰無仮説は棄却され，2 つの母集団の分散は等しくないと結論します。

理解度 Check

確認 4.3

分散が等しくないと仮定

	x	y
平均	1.926	1.158
分散	0.613	0.207
観測数	10	12
仮説平均との差異	0	
自由度	14	
t	2.738	
P(T<=t) 片側	0.008	
t 境界値 片側	1.761	
P(T<=t) 両側	0.016	
t 境界値 両側	2.145	

母集団 X と Y からの標本 $x_1, \ldots, x_{10}$, $y_1, \ldots, y_{12}$ の具体的な値は省略しますが，左の表は Excel の分析ツールにある「t-検定：分散が等しくないと仮定した 2 標本による検定」を実行した結果です。この結果をみて，母集団 X と Y の平均が等しいかどうかを有意水準 5% で検定しなさい。

POINT

平均値の差の検定（まとめ）

要点 4.8

- p 値と有意水準 α の大きさを比べることで，帰無仮説を棄却するかどうかを判断できます。

$$p \text{ 値} < \alpha \text{ のとき 有意水準 } \alpha \text{ で帰無仮説を棄却}$$

- 2つの母集団の平均の差の検定には，母集団の分散が等しい，すなわち等分散性が仮定できる場合と，そうでない場合があります。
- 分散が等しいかどうかは等分散性の検定によって判断し，等分散が棄却されなければ，等分散性が仮定できる場合の平均値の差の検定を，等分散が棄却されれば，等分散でない場合の平均値の差の検定を行います。
- ただし，等分散でない場合の平均値の差の検定は，等分散であることを仮定していないだけで，等分散が正しいときに利用しても問題はありません。したがって，はじめから等分散でない場合の平均値の差の検定を行う方法も正しい方法です。

4.2 適合度検定と分割表・独立性の検定

ここでは2種類の検定方法を説明します。ベースとなる考え方は共通で、検定に利用する確率分布もカイ2乗分布をもちいます。

4.2.1 適合度検定

現実に観測していることと、背景に想定されている理論（母集団の確率分布）が合っている（適合している）かどうかを検定する方法です。

> **POINT**
>
> ―適合度検定―
>
> **要点 4.9** k 個のカテゴリー、属性を $A_1, \ldots, A_k$ とし、それが起きる確率 $P(A_i)$ を p_i、実際に A_i が起きた回数、いいかえると A_i の観測度数を n_i、総観測度数を $n = n_1 + \cdots + n_k$ とします。
>
> 帰無仮説 H_0 と対立仮説 H_1
>
> $$H_0 : P(A_i) = p_i,\ i = 1, \ldots, k,$$
> $$H_1 : P(A_i) \neq p_i,\ \text{いずれかの } i \text{ に関して}$$
>
> を検定するための検定統計量は以下の (4.9) です。
>
> $$\sum_{i=1}^{k} \frac{(n_i - np_i)^2}{np_i} \tag{4.9}$$
>
> 自由度 $k-1$ のカイ2乗分布の上側確率 α を与える点を $\chi^2_{k-1,\alpha}$ とすると

$$\chi^2_{k-1,\alpha} < \sum_{i=1}^{k} \frac{(n_i - np_i)^2}{np_i}$$

のとき帰無仮説 H_0 は棄却され，対立仮説 H_1 が採択されます。

Comment 4.7

- 各カテゴリーで実際に観測された度数 n_i と想定している理論上，期待される度数 np_i との差が大きければ，想定している理論が適合していないと考えることができます。
- 検定統計量 (4.9) が測っているのは，観測結果に理論が適合しているかどうかです。その値がゼロに近ければ適合しており，大きければ適合していない，と考えます。したがって，検定の棄却域（適合していないと判断する領域）は右側（大きい方）となり，検定統計量 (4.9) の値が大きいときに，帰無仮説は棄却されます。
- カテゴリー数が k のときに，検定統計量の自由度が $k-1$ と 1 つ少なくなっているのは，$n_1 + \cdots + n_k = n$ なので，総数 n が決まっているとき，$n_i, (i=1,\ldots,k)$ の中で自由に値がとれるのは $k-1$ 個だからです。

> **例題 4.5** 身近な例としてサイコロを考えます。サイコロの目は 1 から 6 で，どの目に関してもそれが出る確率は 1/6 と考えるのが自然ですので，実際にそれが正しいかどうかを実験で検証することにします。以下の表は，実際に 180 回サイコロを投げた，それぞれの目が出た度数と期待度数です。有意水準 5% で検定を行うことにします。
>
> | i | 1 | 2 | 3 | 4 | 5 | 6 |
> |---|---|---|---|---|---|---|
> | 観測度数 n_i | 30 | 24 | 32 | 32 | 29 | 33 |
> | 期待度数 np_i | 30 | 30 | 30 | 30 | 30 | 30 |

例題 4.5 の解答

表のデータより検定統計量 (4.9) は 1.8 になります。カテゴリー数 $k=6$，有意水準 5% なので，自由度 5 のカイ 2 乗分布の上側 0.05 となる点は $\chi^2_{5,0.05} = 11.07$ です。検定統計量の値は臨界値 11.07 より小さいので，棄却域には入らず，各目の出る確率が 1/6 であるという帰無仮説は棄却されません。この例題では帰無仮説が棄却されなかったので，結論としては帰無仮説が正しいとしたいところですが，既に説明したように検定では帰無仮説が正しいことは検証できません。判断としては，実験データに関しては，帰無仮説に反する結果が出なかったという程度の主張にとどめるべきです。

例題 4.6 以下の表は，これまで総計 100 回の授業での遅刻者数（10 分以上おくれる者）に関する記録です。たとえば，この表から遅刻者がゼロだった授業回数は 100 回中 20 回ということがわかります。この授業の遅刻者数は，平均 2 のポアソン分布に従っているといわれていますが，それが本当かどうか有意水準 5%で検定しなさい。

カテゴリー i	1	2	3	4	5
遅刻者数	0	1	2	3	4 人以上
授業回数	20	36	18	16	10

例題 4.6 の解答

この観測結果が平均 2 のポアソン分布に従っているかどうかを適合度検定によって判断することになります。定義 2.5（p.46）にあるポアソン分布の確率関数に，平均を与えると確率をもとめることができます。以下は，平均 2 のポアソン分布による確率と期待度数をまとめたものです。

カテゴリー i	1	2	3	4	5
遅刻者数 A_i	0	1	2	3	4 人以上
確率 $P(A_i) = p_i$	0.14	0.27	0.27	0.18	0.14
期待度数 $n \times p_i$	14	27	27	18	14

この表の期待度数 np_i と設問中の表の「授業回数」を観測度数 n_i として，検定統計量 (4.9) をもとめると 9.94 になります。カテゴリー数は 5 なので，自由度 4 のカイ 2 乗分布の上側 5%点より臨界値は 9.49 です。検定統計量の値は臨界値を超えて棄却域に入っていますから，帰無仮説は棄却され，遅刻者数に関する授業回数は平均 2 のポアソン分布には従っていないと結論できます。

4.2.2 分割表・独立性の検定

金利と株価とか，失業率とインフレ率などのように 2 つの変数の関連を測るには通常，相関係数が使われます。一方で，東京と大阪という地域の違いが香辛料の使用と関連しているかどうかや，性別の違いが色の好みと関連しているかどうか，など関連を知りたいもの自体が数字ではないこともあります。以下では，このような変数ではなく属性の間に関連があるかどうかを検定する方法として，**分割表**をもちいた**独立性の検定**について説明します。

$A_1, \ldots, A_k$，$B_1, \ldots, B_\ell$ と k 個と ℓ 個のカテゴリーにわけられている 2 つの属性 A と B を考えます。これら 2 つの属性に関する観測データは，$k \times \ell$ の分割表とよばれる表にまとめることができます。

	B_1	B_2	計
A_1	40	60	100
A_2	55	45	100
計	95	105	200

左の表は 2×2 の分割表の例で，自家用車の色に赤を選ぶかどうかを東京 100 人，大阪 100 人に調査した結果を表にまとめたものです。A は $A_1 =$ 東京，$A_2 =$ 大阪，B は $B_1 =$ 赤を選択，$B_2 =$ 赤を選択しないとしています。

このようなデータが得られたとき，2 つの属性 A と B が独立であるかどうかを考えます。一般に 2×2 の分割表を以下のようにあらわします。

	B_1	B_2	計
A_1	n_{11}	n_{12}	$n_{1.}$
A_2	n_{21}	n_{22}	$n_{2.}$
計	$n_{.1}$	$n_{.2}$	n

左の表の $n_{1.}$ は $n_{11} + n_{12}$ のことで，他も同様に $n_{2.} = n_{21} + n_{22}$，$n_{.1} = n_{11} + n_{21}$，$n_{.2} = n_{12} + n_{22}$，$n = n_{1.} + n_{2.} = n_{.1} + n_{.2}$ とします。

確率 $P(A_i)$ は相対度数を使って $n_{i.}/n$，$P(B_j)$ は $n_{.j}/n$ によって推定します。属性 A と B が独立であれば，$P(A_i, B_j) = P(A_i) \times P(B_j)$ ですから，$P(A_i, B_j)$ は $(n_{i.}/n) \times (n_{.j}/n)$ によって推定できます。

このとき，属性 A と B が独立であるかどうかは以下で説明する検定によって確かめることができます。

POINT

2×2の分割表（独立性）の検定

要点 4.10 先の 2×2 の分割表に関して，属性 A と B の独立性の検定は以下のとおりです．検定の対象となる仮説は

$$H_0 : P(A_i, B_j) = P(A_i) \times P(B_j),\ i, j = 1, 2,$$

$$H_1 : P(A_i, B_j) \neq P(A_i) \times P(B_j),\ \text{いずれかの}\ i, j\ \text{に関して}$$

とあらわされ，この仮説を検定するための検定統計量は以下の (4.10) になります．

$$\sum_{i=1}^{2} \sum_{j=1}^{2} \frac{(n_{ij} - e_{ij})^2}{e_{ij}} \tag{4.10}$$

ただし，$e_{ij} = n \times (n_{i.}/n) \times (n_{.j}/n)$ です．自由度 1 のカイ 2 乗分布の上側確率 α を与える点を $\chi^2_{1,\alpha}$ とすると

$$\chi^2_{1,\alpha} < \sum_{i=1}^{2} \sum_{j=1}^{2} \frac{(n_{ij} - e_{ij})^2}{e_{ij}}$$

のとき帰無仮説 H_0 は棄却され，対立仮説 H_1 が採択されます．

Comment 4.8

- 帰無仮説と対立仮説はそれぞれ

$$H_0 : \text{属性}\ A\ \text{と}\ B\ \text{は互いに独立である},$$

$$H_1 : \text{属性}\ A\ \text{と}\ B\ \text{は互いに独立ではない}$$

とすることもできます．

- e_{ij} は属性 A と B が独立な場合に，その性質を利用して推定された同時確率 $P(A_i, B_j)$ に観測総数 n をかけてもとめられた期待度数です．

- 検定統計量 (4.10) では，観測度数 n_{ij} と期待度数 e_{ij} の差の大きさの程度を利用して，属性 A と B の独立性を検定しています．

> **例題 4.7** 先の都市と自家用車の色の例に関して，A を都市（東京か大阪か），B を色（赤を選択するかしないか）として，2 つの属性が独立であるかどうかを有意水準 5% で検定しなさい．

例題 4.7 の解答

与えられた観測度数から，それぞれの確率は $P(A_1) = n_{1.}/n = 100/200 = 0.5$，$P(A_2) = n_{2.}/n = 100/200 = 0.5$，$P(B_1) = n_{.1}/n = 95/200 = 0.475$，$P(B_2) = n_{.2}/n = 105/200 = 0.525$ となります．これらの確率から，A と B が独立であるとしたときに計算される同時確率 $P(A_i, B_j), (i, j = 1, 2)$ をまとめたものが左の表です．そして，その同時確率から計算される期待度数が右の表です．

	B_1	B_2	計
A_1	0.2375	0.2625	0.5
A_2	0.2375	0.2625	0.5
計	0.475	0.525	1.0

	B_1	B_2	計
A_1	47.5	52.5	100
A_2	47.5	52.5	100
計	95	105	200

観測度数と計算された期待度数から検定統計量 (4.10) は，

$$\frac{(40-47.5)^2}{47.5} + \frac{(60-52.5)^2}{52.5} + \frac{(55-47.5)^2}{47.5} + \frac{(45-52.5)^2}{52.5} = 4.511$$

になります．自由度 1 のカイ 2 乗分布の上側確率 0.05 となる点は 3.84 ですから，検定統計量の値は棄却域に入っています．したがって，帰無仮説は棄却され，東京か大阪かという都市の違いと自家用車の色として赤を選ぶかどうかの選択は関連があると結論できます．

これまでは 2×2 の分割表に関する説明をしてきましたが，以下では属性 A と B にそれぞれ k 個，ℓ 個のカテゴリーがある場合，すなわち $k \times \ell$ の分割表の場合の独立性の検定について説明します。

> **POINT**
>
> **$k \times l$ の分割表（独立性）の検定**
>
> **要点 4.11** $k \times \ell$ の分割表に関して，属性 A と B の独立性の検定は以下のとおり。検定の対象となる仮説
>
> $H_0 : P(A_i, B_j) = P(A_i) \times P(B_j),\ i = 1, \ldots, k; j = 1, \ldots, \ell,$
>
> $H_1 : P(A_i, B_j) \neq P(A_i) \times P(B_j),\ $いずれかの i, j に関して
>
> を検定するための検定統計量は以下の (4.11) になります。
>
> $$\sum_{i=1}^{k} \sum_{j=1}^{\ell} \frac{(n_{ij} - e_{ij})^2}{e_{ij}} \tag{4.11}$$
>
> ただし，$e_{ij} = n \times (n_{i.}/n) \times (n_{.j}/n)$ です。自由度 $(k-1) \times (\ell-1)$ のカイ 2 乗分布の上側確率 α を与える点を $\chi^2_{(k-1) \times (\ell-1), \alpha}$ とすると
>
> $$\chi^2_{(k-1) \times (\ell-1), \alpha} < \sum_{i=1}^{k} \sum_{j=1}^{\ell} \frac{(n_{ij} - e_{ij})^2}{e_{ij}}$$
>
> のとき帰無仮説 H_0 は棄却され，対立仮説 H_1 が採択されます。

Comment 4.9

- 帰無仮説が正しいときに検定統計量 (4.11) が従う分布はカイ 2 乗分布ですが，その自由度は $(k-1) \times (\ell-1)$ になっている点に注意しましょう。
- 検定統計量は観測度数と期待度数の差の 2 乗和をベースに作られていますから，想定（2 つの属性の独立性）が正しくない状況では検定統計量

(4.11) は大きな値になります。したがって，検定の棄却域は右側（大きい方）にあります。

理解度 Check

確認 4.4 以下の各問いに答えなさい。

(1) 3×2 の分割表での独立性の検定の場合，帰無仮説が正しいときに検定統計量はどのような分布に従いますか。

(2) 自由度 3 のときのカイ 2 乗分布の上側確率 1%点，5%点をそれぞれもとめなさい。

(3) 分割表の独立性の検定で，帰無仮説が棄却されるとどのような結論が得られますか。

確認 4.5 ある国で大統領候補討論会の後で，どちらの候補者を選択するか男女別に調査した結果が以下の表です。このとき各問いに答えなさい。

	男性	女性	計
候補者 A	65	42	107
候補者 B	45	48	93
計	110	90	200

(1) 候補者の選択と性別の違いに関連があるかどうかを調べるため，帰無仮説と対立仮説を設定しなさい。

(2) 帰無仮説が正しいとき，検定統計量が従う分布はどのような分布ですか。

(3) (1) で設定した仮説を有意水準 5%で検定しなさい。

第5章
回帰分析

- 5.1　回帰モデルの推定

- 5.2　応用問題

5.1 回帰モデルの推定

次のデータは下宿している学生 10 人（$i = 1, 2, \ldots, 10$）の 1 カ月の食費 y_i と仕送り x_i のデータです。下宿している学生の 1 カ月の食費は仕送りで説明できるのでしょうか。以下では，食費を仕送りで説明できるかどうかを回帰モデルを使ってみていきます。

（単位：万円）

y	8.0	7.5	7.3	6.6	6.2	6.4	6.6	6.9	6.1	5.2
x	15	15	17	10	10	11	14	15	13	11

POINT

―線形回帰モデル―

定義 5.1 母集団の個別の要素の組を (x_i, y_i), $(i = 1, \ldots, n)$ とします。y_i を x_i の線形関係で説明するモデル

$$y_i = \alpha + x_i \beta + \epsilon_i, \ E[\epsilon_i] = 0, \ V[\epsilon_i] = \sigma^2$$

を**線形回帰モデル**といいます。α と β はこのモデルの**パラメータ**です。そして，ϵ_i をモデルによって説明できない部分を確率的に表現した**誤差**，あるいは**誤差項**，y_i を**被説明変数**，x_i を**説明変数**といいます。このように説明変数が 1 つの線形回帰モデルを**単回帰モデル**といいます。

図 5.1 の直線は $\hat{\alpha} + x_i \hat{\beta}$ です。この例では，すべてのデータを通るような 1 本の直線を引くことはできません。そこで，直線とデータ (x_i, y_i) の隔たりを**残差**として，$e_i = y_i - \hat{y}_i$ と定義します。ただし，$\hat{y}_i = \hat{\alpha} + x_i \hat{\beta}$ とします。そして，残差 e_i は誤差項 ϵ_i の実現値と考えます。

図 5.1

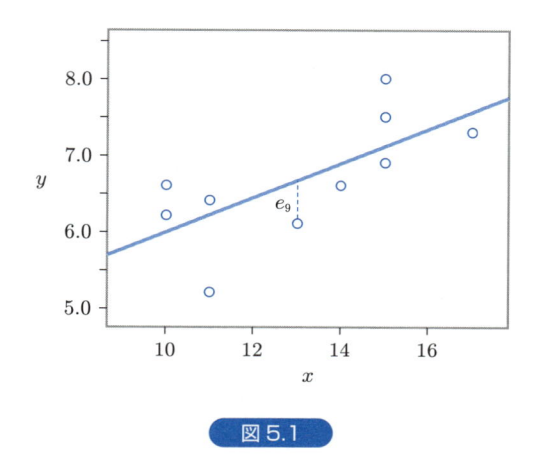

POINT

最小 2 乗推定法

要点 5.1　最小 2 乗推定法とは**線形回帰モデル**のパラメータを推定する方法の一つです。α と β の推定値を $\hat{\alpha}$ と $\hat{\beta}$ であらわすと，$\hat{\alpha}$ と $\hat{\beta}$ は**残差平方和** $\sum_{i=1}^{n} e_i^2$ を最小にするように推定されます。Excel 2010 においては，［データ］→［データ分析］→［分析ツール］→［回帰分析］で分析できます。

> **例題 5.1** 食費 y_i と仕送り x_i のデータから $y_i = \alpha + x_i\beta + \epsilon_i$ という線形回帰モデルを考えます。このモデルでは仕送りの一部を食費に充てるという関係を考えています。このとき，このモデルの α と β を推定しなさい。

例題 5.1 の解答

要点 5.1 の通りに Excel で回帰分析を行うと，以下の結果が得られます。

回帰統計	
重相関 R	0.697
重決定 R2	0.485
補正 R2	0.421
標準誤差	0.605
観測数	10

	係数	標準誤差	t	P-値
切片	3.740 ①	1.087	3.440	0.009
X 値 1	0.224 ②	0.082	2.747	0.025

掲載している結果は抜粋です。

α と β の推定値 $\hat{\alpha}$ と $\hat{\beta}$ は右の表の「係数」の列の①と②です。「切片」は α のことです。Excel の回帰分析において「ラベル」を指定しないと，「X 値 1」には β の推定値が出てきます。したがって，$\hat{\alpha} = 3.740$, $\hat{\beta} = 0.224$ となります。

> **POINT**

> **標準誤差・t 値・p 値**
>
> **定義 5.2** $\hat{\beta}$ の分散を $V[\hat{\beta}]$ とします。このとき,
> - **標準誤差**はデータから計算された $\sqrt{V[\hat{\beta}]}$ の値です。
> - **t 値**は $\hat{\beta}/\sqrt{V[\hat{\beta}]}$ によって計算されます。
> - **p 値**は要点 4.7 (p.110) と同じ手順で計算されます。

> **係数の有意性検定**
>
> **要点 5.2** 回帰モデルの説明変数の係数がゼロの場合,その係数を持つ説明変数は被説明変数 y を説明できないと考えられます。このことを検証するための仮説は次のものになります。
>
> $$H_0 : \beta = 0,\ H_1 : \beta \neq 0$$
>
> この仮説を検定するには**定義 5.2** の t 値を利用します。
> - 帰無仮説が正しいとき,t 値は t 分布に従います。
> - その自由度は n から推定するパラメータの数を引いた数です。単回帰モデルの場合,推定するパラメータは α と β の 2 つなので自由度は $n-2$ です。

> **Comment 5.1**

有意性検定では,帰無仮説を $H_0 : \beta = 0$ として,t 値はそれを検定する統計量でした。他方,$H_0 : \beta = \beta_0$ のように β がある値 β_0 となるかどうかを検定したいときは,検定統計量は $(\hat{\beta} - \beta_0)/\sqrt{V[\hat{\beta}]}$ によって計算できますが,これは t 値と異なっていることに注意しましょう。

> **例題 5.2** 例題 5.1 の結果を使って，回帰モデルの係数が有意であるか否かを有意水準 5%で両側検定しなさい。

例題 5.2 の解答

検定したい仮説は，$H_0 : \alpha = 0$, $H_1 : \alpha \neq 0$ と $H_0 : \beta = 0$, $H_1 : \beta \neq 0$ です。例題 5.1 の結果の右の表の「P-値」の列に p 値が示されています。切片の p 値が 0.009，X 値 1 の p 値が 0.025 であり，どちらも 0.05 よりも小さいので，α, β ともに帰無仮説が棄却され，有意水準 5%で有意であることがわかります。

ここでは，p 値ではなく，t 値を使って仮説検定をする方法についても説明しておきます。結果の左の表にあるように，観測数は 10 です。そして，**要点 5.2** でみたように，自由度は $n-2=8$ となるので，臨界値は $t_{n-2,\alpha/2} = 2.306$ です。臨界値と t 値を比べると，$3.440 > 2.306 = t_{n-2,\alpha/2}$, $2.747 > 2.306 = t_{n-2,\alpha/2}$ となっていることから，いずれも帰無仮説が棄却され，有意水準 5%で有意であることがわかります。

Comment 5.2

例題 5.2 の設問では「係数が有意であるかどうか」，解答では「有意水準 5%で有意」という表現が出てきました。帰無仮説は「係数 $= 0$」としていますが，実際の推定値はゼロからの差がある値として得られて，その差が偶然とかたまたまではない，推定値がゼロでない値を得た，という意味で使われています。

理解度 Check

確認 5.1 単回帰モデルに関して，以下の問いに答えなさい。

(1) $n=30$ の標本から推定された $\hat{\beta}=2.0$，標準誤差が 0.99 であったとき，β が有意であるかどうか有意水準5%で両側検定しなさい。

(2) $n=10$ の標本から推定された $\hat{\beta}=1.0$，p 値が 0.04 でした。β が有意であるかどうか有意水準5%で両側検定しなさい。

(3) 例題5.1において，$\alpha=5$ であるかどうかを有意水準5%で両側検定しなさい。

(4) 例題5.1において，$\beta=0.5$ であるかどうかを有意水準5%で両側検定しなさい。

POINT

重回帰モデル

定義 5.3 K 個（$K \geq 2$）の説明変数 $x_{i1}, x_{i2}, \ldots, x_{iK}$ を考えます。y_i を K 個の説明変数で説明するモデル

$$y_i = \alpha + x_{i1}\beta_1 + x_{i2}\beta_2 + \cdots + x_{iK}\beta_K + \epsilon_i, \quad E[\epsilon_i]=0, V[\epsilon_i]=\sigma^2$$

を**重回帰モデル**といいます。

Comment 5.3

- 重回帰モデルも単回帰モデルの推定と同様に，要点5.1の手順でパラメータを最小2乗推定することができます。
- 定義5.2と同様に，標準誤差，t 値，p 値は計算できますが，t 値は自由度が $n-(K+1)$ の t 分布に従います。
- 説明変数の数はいくつでも増やせるわけではありません。$n > K+1$ であれば，最小2乗法によって推定できます。ただし，Excelでは16個以上の説明変数をもつ回帰モデルは分析できません。

> **POINT**
>
> ─ 決定係数・自由度修正済み決定係数 ─
>
> **定義 5.4　決定係数**とはモデルの説明力をあらわす指標であり，0 から 1 の間の値をとります。そして，1 に近ければ近いほどモデルの説明力が高いことをあらわします。しかし，説明変数を増やせば増やすほど，決定係数は大きくなる傾向があるので，説明変数を増やすことによるペナルティを課して，調整した決定係数を**自由度修正済み決定係数**といいます。

> **例題 5.3**　次頁の表は 2009 年の工業統計表の粗付加価値額，労働者数，有形固定資産年末現在高のデータと，地域区分（北海道・東北地方：1, 関東地方：2, 北陸・東海地方：3, 近畿地方：4, 中国・四国地方：5, 九州・沖縄地方：6）のデータです。いま，日本の製造業の生産構造がどうなっているかを知りたいとします。Y_i を生産額（付加価値額），K_i を資本，L_i を労働とすると，コブ・ダグラス型の生産関数は $Y_i = AK_i^\gamma L_i^\delta$ です。生産額（付加価値額）を粗付加価値額，資本を有形固定資産年末現在高，労働を従業者数として，A と γ と δ を推定し，パラメータの有意性を有意水準 5% で両側検定しなさい。

	粗付加価値額 （万円）	従業者数 （人）	有形固定資産年末現在高 （万円）	地域区分
北海道	169936335	177113	137076188	1
青森	65381391	58274	68754545	1
岩手	64682688	89729	53198230	1
宮城	110635353	117341	90533748	1
秋田	48357929	67781	39517706	1
山形	80832849	104805	54078977	1
福島	182711516	167581	145133429	1
茨城	325245420	265857	322194078	2
栃木	261939136	198992	200582087	2
群馬	248973071	191841	199834855	2
埼玉	461977232	392013	284490441	2
千葉	320558889	215348	346747725	2
東京	328004609	324995	165613068	2
神奈川	530168264	389280	451410008	2
新潟	174301450	186620	135185931	3
富山	112533999	116230	104090727	3
石川	81374530	94812	68106390	3
福井	68706300	70075	53355152	3
山梨	76071941	73156	66931164	3
長野	210603581	192602	126763349	3
岐阜	187446296	191635	132355277	3
静岡	574981575	411551	368141303	3
愛知	1060375908	801450	773254178	3
三重	299616449	190014	262141474	4
滋賀	257298560	148292	180658653	4
京都	190442268	146346	107724501	4
大阪	581921046	485022	367115647	4
兵庫	475377257	362847	399174235	4
奈良	65198084	65849	40660166	4
和歌山	77703785	49154	75170073	4
鳥取	28107692	34557	22096992	5
島根	33226510	42312	23318517	5
岡山	218425536	146350	173513600	5
広島	257385274	205008	264298191	5
山口	177180360	96011	147451046	5
徳島	80065447	48147	51599112	5
香川	85300246	67140	58985722	5
愛媛	106617318	79289	113846976	5
高知	19620325	24663	16971239	5
福岡	265892950	216161	204050051	6
佐賀	57036598	58777	54958701	6
長崎	62548670	58077	42516139	6
熊本	92684167	91939	81827942	6
大分	90628496	67900	103452644	6
宮崎	44486859	56758	35830497	6
鹿児島	62759643	71283	34229876	6
沖縄	16296850	24812	16062728	6

5.1 回帰モデルの推定

> 例題 5.3 の解答

コブ・ダグラス型の生産関数は非線形の関数です．しかし，両辺を対数変換し，誤差項 ϵ_i を加えると，

$$\log Y_i = \log A + \gamma \log K_i + \delta \log L_i + \epsilon_i$$

となります．$y_i = \log Y_i$, $x_{1i} = \log K_i$, $x_{2i} = \log L_i$, $\alpha = \log A$, $\beta_1 = \gamma$, $\beta_2 = \delta$ とおくと，上式は

$$y_i = \alpha + x_{1i}\beta_1 + x_{2i}\beta_2 + \epsilon_i$$

と，$K = 2$ の重回帰モデルになります．

このとき，$\log Y_i$, $\log K_i$, $\log L_i$ を Excel の関数 $\ln(\cdot)$ を使って作成し，**要点 5.1** でみたように，分析ツールの回帰分析によって計算すると，以下の結果が得られます（ただし，掲載している結果は抜粋です）．

回帰統計	
重相関 R	0.991
重決定 R2	0.981
補正 R2	0.980
標準誤差	0.131
観測数	47

	係数	標準誤差	t	P-値
切片	1.949	0.454	4.291	0.000
X 値 1	0.592	0.061	9.754	0.000
X 値 2	0.499	0.070	7.144	0.000

$\log K_i$, $\log L_i$ の順にデータを並べると，「X 値 1」は $\log K_i$，「X 値 2」は $\log L_i$ の結果が出力されます．したがって，$\widehat{\log A} = 1.949$, $\hat{\gamma} = 0.592$, $\hat{\delta} = 0.499$ です．また，$\widehat{\log A} = 1.949$ なので $\hat{A} = \exp(1.949) = 7.022$ ともとめることができます．

次に，パラメータの有意性を検定します．「P-値」の列をみると，すべての値が 0.000 となっています．つまり，p 値が 0.05 以下であるので，有意水準 5%で係数 = 0 を棄却できます．よって，有意水準 5%で有意であると結論づけることができます．

理解度 Check

確認 5.2 $n=35$ の標本から 4 つの説明変数で地価を説明するモデルを推定したところ,決定係数が 0.65,自由度修正済み決定係数が 0.58 でした。

(1) 2 番目の説明変数の係数 β_2 に関して,$H_0: \beta_2 = 0$,$H_1: \beta_2 \neq 0$ を検定するとき,自由度いくつの t 分布を用いるのか答えなさい。また,有意水準 5%で検定を行うときの臨界値をもとめなさい。

(2) 説明変数を 1 つ追加して推定したところ,決定係数が 0.67,自由度修正済み決定係数が 0.54 でした。どちらのモデルが当てはまりがよいか答えなさい。

5.2 応用問題

回帰モデルで説明変数として利用するものは，GDP，労働者数，金利，といった数量をあらわす変数です。しかし，分析の必要上，説明変数として，地域，職種，季節のちがい，といったように必ずしも数量ではないものを利用することがあります。そのような場合，以下で説明する**ダミー変数**を利用することができます。

> **POINT**
>
> ─ ダミー変数 ─
>
> **定義 5.5** ダミー変数とは，ある属性をもったデータを表現するためのもので，その属性を持っていれば 1，そうでなければ 0 とします。たとえば，労働者のデータを分析しているときに，分析対象者が営業職であるなら 1，そうでなければ 0 とすることで，営業職ダミー変数が作成できます。一般に，J 個の質的な関係を数値化するには，$J-1$ 個のダミー変数で対応できます。

> 例題 5.4 例題 5.3 のデータで地方ダミーを作成し，コブ・ダグラス型生産関数 $Y_i = AK_i^\gamma L_i^\delta$ の A に地方間で違いがあるかを検討しなさい。

例題 5.4 の解答

地方ダミーでは 6 地方の違いを 0，1 の数値によって表現したいので，定義 5.5 で見たように，$6-1=5$ 個のダミー変数 $d_{1i}, \ldots, d_{5i}$ を作って地方の違いを表現します。

	ダミー変数
d_{1i}	関東地方であれば 1，そうでなければ 0
d_{2i}	東海・北陸地方であれば 1，そうでなければ 0
d_{3i}	近畿地方であれば 1，そうでなければ 0
d_{4i}	中国・四国地方であれば 1，そうでなければ 0
d_{5i}	九州・沖縄地方であれば 1，そうでなければ 0

そして，$A = A^* \times \prod_{j=1}^{5} \exp(d_{ji}\beta_j)$ とすれば，A が地方間で異なると仮定を置くことができます。たとえば，北海道・東北地方の A は A^* となり，関東地方の A は $A^* \exp(\beta_1)$ となります。

そこで，$A = A^* \times \prod_{j=1}^{5} \exp(d_{ji}\beta_j)$ をコブ・ダグラス型生産関数に代入し，両辺を対数変換して誤差項 ϵ_i を加えると，

$$\log Y_i = \log A^* + \sum_{j=1}^{5} d_{ji}\beta_j + \gamma \log K_i + \delta \log L_i + \epsilon_i$$

となります。$y_i = \log Y_i$，$x_{1i} = \log K_i$，$x_{2i} = \log L_i$，$\alpha = \log A^*$，$\beta_6 = \gamma$，$\beta_7 = \delta$ とすると，上式は，

$$y_i = \alpha + d_{1i}\beta_1 + d_{2i}\beta_2 + \cdots + d_{5i}\beta_5 + x_{1i}\beta_6 + x_{2i}\beta_7 + \epsilon_i$$

と，$K = 7$ の重回帰モデルになります。

　Excel での「入力 X 範囲」に対応するものとして左の列から $d_{1i}, d_{2i}, \ldots,$ d_{5i} とし，1 番右の列が x_{2i} になるように順にデータを並べて，分析ツールで分析すると以下の結果が得られます（ただし，掲載している結果は抜粋です）。

　「X 値 1」は d_{1i} に対応しています。いま，検定したいのは，「X 値 1」から「X 値 5」までの係数推定値が有意であるか否かなので，有意水準 5%で両側検定すると，p 値から近畿地方ダミーをあらわす「X 値 3」と中国・四国地方ダミーをあらわす「X 値 4」で，$\beta_j = 0$ であるという帰無仮説が棄却され，北海道・東北地方と統計的に有意に差があることがわかります。

回帰統計	
重相関 R	0.993
重決定 R2	0.987
補正 R2	0.985
標準誤差	0.116
観測数	47

	係数	標準誤差	t	P-値
切片	2.243	0.454	4.936	0.000
X 値 1	0.098	0.069	1.421	0.163
X 値 2	0.071	0.060	1.175	0.247
X 値 3	0.226	0.065	3.462	0.001
X 値 4	0.195	0.063	3.100	0.004
X 値 5	0.081	0.062	1.313	0.197
X 値 6	0.510	0.058	8.786	0.000
X 値 7	0.593	0.070	8.527	0.000

> **例題 5.5** 例題 5.3 のデータの「地域区分」から地方ダミーを作成し，コブ・ダグラス型生産関数 $Y_i = AK_i^\gamma L_i^\delta$ の γ に地方間で違いがあるかどうかを検討しなさい．

例題 5.5 の解答

例題 5.4 と同様に，ダミー変数 $d_{ji}, (j = 1,\ldots,5)$ を使います．この問題では γ が地方で異なるかを検討するので，$\gamma = \gamma^* + \sum_{j=1}^{5} \gamma_j d_{ji}$ と仮定します．すると，北海道・東北地方では $\gamma = \gamma^*$，関東地方では $\gamma = \gamma^* + \gamma_1$ のように，地方間の γ の違いを表現できます．

そこで，$\gamma = \gamma^* + \sum_{j=1}^{5} \gamma_j d_{ji}$ をコブ・ダグラス型生産関数に代入し，両辺を対数変換して誤差項 ϵ_i を加えると，

$$\log Y_i = \log A + \gamma^* \log K_i + \sum_{j=1}^{5} \gamma_j d_{ji} \log K_i + \delta \log L_i + \epsilon_i$$

となります．

$y_i = \log Y_i$，$x_{1i} = \log K_i$，$x_{2i} = d_{1i}\log K_i$，$x_{3i} = d_{2i}\log K_i$，$x_{4i} = d_{3i}\log K_i$，$x_{5i} = d_{4i}\log K_i$，$x_{6i} = d_{5i}\log K_i$，$x_{7i} = \log L_i$，$\alpha = \log A^*$，$\beta_1 = \gamma^*$，$\beta_2 = \gamma_1$，$\beta_3 = \gamma_2$，$\beta_4 = \gamma_3$，$\beta_5 = \gamma_4$，$\beta_6 = \gamma_5$，$\beta_7 = \delta$ とすると，上式は，

$$y_i = \alpha + x_{1i}\beta_1 + x_{2i}\beta_2 + \cdots + x_{7i}\beta_7 + \epsilon_i$$

と，$K = 7$ の重回帰モデルになります．

左の列が x_{1i}，そして，1番右の列が x_{7i} の順になるようにデータを並べて，分析ツールで分析すると以下の結果が得られます．

回帰統計	
重相関 R	0.993
重決定 R2	0.987
補正 R2	0.984
標準誤差	0.117
観測数	47

	係数	標準誤差	t	P-値
切片	2.364	0.462	5.111	0.000
X 値 1	0.503	0.059	8.501	0.000
X 値 2	0.005	0.004	1.463	0.151
X 値 3	0.004	0.003	1.208	0.234
X 値 4	0.012	0.004	3.391	0.002
X 値 5	0.011	0.004	3.075	0.004
X 値 6	0.004	0.003	1.291	0.204
X 値 7	0.594	0.070	8.442	0.000

「X 値 2」から「X 値 6」に $d_{1i} \log K_i$ から $d_{5i} \log K_i$ の推定値が与えられています。有意水準 5% で両側検定すると，p 値から近畿地方ダミーをあらわす「X 値 4」と中国・四国地方ダミーをあらわす「X 値 5」で，$\beta_j = 0$ であるという帰無仮説が棄却され，北海道・東北地方と統計的に有意に差があることがわかります。

> **例題 5.6** 例題 5.3 の結果をみると，$\gamma + \delta = 1.091$ でした．経済学では $\gamma + \delta = 1$ であることを，規模に関して収穫一定といいます．それに対して，$\gamma + \delta < 1$ であることを，規模に関して収穫逓減，$\gamma + \delta > 1$ であることを，規模に関して収穫逓増といいます．生産構造が規模に関して収穫一定であるかを有意水準 5% で検定しなさい．

例題 5.6 の解答

直接 $\gamma + \delta = 1$ を検定することはできません．通常は，制約の検定は F 検定によって行いますが，ここでは，Excel を使って検定する方法をみていきます．まず，生産関数を検定できる形にします．生産関数の両辺を L_i で割ると，

$$\left(\frac{Y_i}{L_i}\right) = A K_i^\gamma L_i^{\delta-1} = A \left(\frac{K_i}{L_i}\right)^\gamma L_i^{\gamma+\delta-1}$$

と変形することができます．この式において，$\gamma + \delta - 1 = 0$ であれば，規模に関して収穫一定となります．両辺を対数変換して誤差項 ϵ_i を加えると，

$$\log\left(\frac{Y_i}{L_i}\right) = \log A + \gamma \log\left(\frac{K_i}{L_i}\right) + (\gamma + \delta - 1) \log L_i + \epsilon_i$$

となります．$y_i = \log(Y_i/L_i)$, $x_{1i} = \log(K_i/L_i)$, $x_{2i} = \log L_i$, $\alpha = \ln A$, $\beta_1 = \gamma$, $\beta_2 = \gamma + \delta - 1$ とすると，上式は

$$y_i = \alpha + x_{1i}\beta_1 + x_{2i}\beta_2 + \epsilon_i$$

と，$K = 2$ の重回帰モデルになります．したがって，

$$H_0 : \beta_2 = 0, \; H_1 : \beta_2 \neq 0$$

を検定すればよいことがわかります．

そこで，Excel の $\ln(\cdot)$ 関数を使って，$y_i = \log(Y_i/L_i)$, $x_{1i} = \log(K_i/L_i)$,

$x_{2i} = \log L_i$ を作成し，要点 5.1 でみたように，分析ツールの回帰分析によって計算すると，以下の結果が得られます（ただし，掲載している結果は抜粋です）。

回帰統計	
重相関 R	0.862
重決定 R2	0.743
補正 R2	0.731
標準誤差	0.131
観測数	47

	係数	標準誤差	t	P-値
切片	1.949	0.454	4.291	0.000
X 値 1	0.592	0.061	9.754	0.000
X 値 2	0.090	0.025	3.652	0.001

x_{1i}, x_{2i} の順にデータを並べると，「X 値 1」は x_{1i},「X 値 2」は x_{2i} の結果が出力されます．いま，検定したいのは，生産構造が収穫逓増であるかどうかなので，X 値 2 の「P-値」をみると，0.001 であることがわかります．P-値が 0.05 より小さいので，有意水準 5%で有意であると結論づけることができます．よって，収穫一定の帰無仮説は棄却され，推定値が 1 より大きいので，収穫逓増の生産構造をしていると判断できます．

理解度 Check

確認 5.3 四半期の違いをあらわすダミー変数の作成を考えます。このとき，

(1) 2つのダミー変数 D_1, D_2 を作成し，第1四半期のとき $(D_1, D_2) = (0, 0)$，第2四半期のとき $(D_1, D_2) = (1, 0)$，第3四半期のとき $(D_1, D_2) = (0, 1)$，第4四半期のとき $(D_1, D_2) = (1, 1)$ としても，ダミー変数として4つの状況を区別できない理由を説明しなさい。

(2) 第1四半期のときに1をとるダミー変数 D_1，第2四半期のときに1をとるダミー変数 D_2，第3四半期のときに1をとるダミー変数 D_3，第4四半期のときに1をとるダミー変数 D_4 を作成すると問題が生じる理由を説明しなさい。

STEP UP 5.1

応用 5.1 コブ・ダグラス型生産関数 $Y_i = A K_i^\gamma L_i^\delta$ に，規模に関して収穫一定を仮定したモデルを推定し，例題5.6の結果と比較して，どちらのモデルが当てはまりがよいか検討しなさい。

付　録
分布表

1　標準正規分布表

2　t 分布表

3　カイ 2 乗分布表

＊この付録の分布表はすべて Math Works 社の MATLAB によって作成しました。

1 標準正規分布表

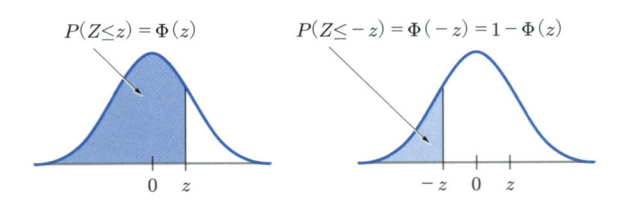

$P(Z \leq z) = \Phi(z)$

$P(Z \leq -z) = \Phi(-z) = 1 - \Phi(z)$

$Z \sim N(0, 1), \ P(Z \leq z)$

z	.00	.01	.02	.03	.04	.05	.06	.07	.08	.09
0.0	0.5000	0.5040	0.5080	0.5120	0.5160	0.5199	0.5239	0.5279	0.5319	0.5359
0.1	0.5398	0.5438	0.5478	0.5517	0.5557	0.5596	0.5636	0.5675	0.5714	0.5753
0.2	0.5793	0.5832	0.5871	0.5910	0.5948	0.5987	0.6026	0.6064	0.6103	0.6141
0.3	0.6179	0.6217	0.6255	0.6293	0.6331	0.6368	0.6406	0.6443	0.6480	0.6517
0.4	0.6554	0.6591	0.6628	0.6664	0.6700	0.6736	0.6772	0.6808	0.6844	0.6879
0.5	0.6915	0.6950	0.6985	0.7019	0.7054	0.7088	0.7123	0.7157	0.7190	0.7224
0.6	0.7257	0.7291	0.7324	0.7357	0.7389	0.7422	0.7454	0.7486	0.7517	0.7549
0.7	0.7580	0.7611	0.7642	0.7673	0.7704	0.7734	0.7764	0.7794	0.7823	0.7852
0.8	0.7881	0.7910	0.7939	0.7967	0.7995	0.8023	0.8051	0.8078	0.8106	0.8133
0.9	0.8159	0.8186	0.8212	0.8238	0.8264	0.8289	0.8315	0.8340	0.8365	0.8389
1.0	0.8413	0.8438	0.8461	0.8485	0.8508	0.8531	0.8554	0.8577	0.8599	0.8621
1.1	0.8643	0.8665	0.8686	0.8708	0.8729	0.8749	0.8770	0.8790	0.8810	0.8830
1.2	0.8849	0.8869	0.8888	0.8907	0.8925	0.8944	0.8962	0.8980	0.8997	0.9015
1.3	0.9032	0.9049	0.9066	0.9082	0.9099	0.9115	0.9131	0.9147	0.9162	0.9177
1.4	0.9192	0.9207	0.9222	0.9236	0.9251	0.9265	0.9279	0.9292	0.9306	0.9319
1.5	0.9332	0.9345	0.9357	0.9370	0.9382	0.9394	0.9406	0.9418	0.9429	0.9441
1.6	0.9452	0.9463	0.9474	0.9484	0.9495	0.9505	0.9515	0.9525	0.9535	0.9545
1.7	0.9554	0.9564	0.9573	0.9582	0.9591	0.9599	0.9608	0.9616	0.9625	0.9633
1.8	0.9641	0.9649	0.9656	0.9664	0.9671	0.9678	0.9686	0.9693	0.9699	0.9706
1.9	0.9713	0.9719	0.9726	0.9732	0.9738	0.9744	0.9750	0.9756	0.9761	0.9767
2.0	0.9772	0.9778	0.9783	0.9788	0.9793	0.9798	0.9803	0.9808	0.9812	0.9817
2.1	0.9821	0.9826	0.9830	0.9834	0.9838	0.9842	0.9846	0.9850	0.9854	0.9857
2.2	0.9861	0.9864	0.9868	0.9871	0.9875	0.9878	0.9881	0.9884	0.9887	0.9890
2.3	0.9893	0.9896	0.9898	0.9901	0.9904	0.9906	0.9909	0.9911	0.9913	0.9916
2.4	0.9918	0.9920	0.9922	0.9925	0.9927	0.9929	0.9931	0.9932	0.9934	0.9936
2.5	0.9938	0.9940	0.9941	0.9943	0.9945	0.9946	0.9948	0.9949	0.9951	0.9952
2.6	0.9953	0.9955	0.9956	0.9957	0.9959	0.9960	0.9961	0.9962	0.9963	0.9964
2.7	0.9965	0.9966	0.9967	0.9968	0.9969	0.9970	0.9971	0.9972	0.9973	0.9974
2.8	0.9974	0.9975	0.9976	0.9977	0.9977	0.9978	0.9979	0.9979	0.9980	0.9981
2.9	0.9981	0.9982	0.9982	0.9983	0.9984	0.9984	0.9985	0.9985	0.9986	0.9986
3.0	0.9987	0.9987	0.9987	0.9988	0.9988	0.9989	0.9989	0.9989	0.9990	0.9990

2　t 分布表

自由度 df の t 分布の上側確率 0.25, 0.1, 0.05, 0.025, 0.01, 0.005 を与える分位点の表。自由度無限大のときは $N(0,1)$ と同じになる。有意水準 α の検定では<u>上側確率</u>を α とするか $\alpha/2$ とするかに注意が必要。

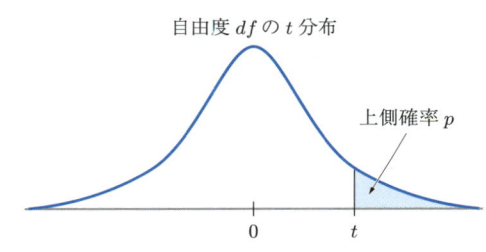

自由度 df の t 分布

上側確率 p

df \ p	0.25	0.1	0.05	0.025	0.01	0.005
1	1.000	3.078	6.314	12.706	31.821	63.657
2	0.816	1.886	2.920	4.303	6.965	9.925
3	0.765	1.638	2.353	3.182	4.541	5.841
4	0.741	1.533	2.132	2.776	3.747	4.604
5	0.727	1.476	2.015	2.571	3.365	4.032
6	0.718	1.440	1.943	2.447	3.143	3.707
7	0.711	1.415	1.895	2.365	2.998	3.499
8	0.706	1.397	1.860	2.306	2.896	3.355
9	0.703	1.383	1.833	2.262	2.821	3.250
10	0.700	1.372	1.812	2.228	2.764	3.169
11	0.697	1.363	1.796	2.201	2.718	3.106
12	0.695	1.356	1.782	2.179	2.681	3.055
13	0.694	1.350	1.771	2.160	2.650	3.012
14	0.692	1.345	1.761	2.145	2.624	2.977
15	0.691	1.341	1.753	2.131	2.602	2.947
16	0.690	1.337	1.746	2.120	2.583	2.921
17	0.689	1.333	1.740	2.110	2.567	2.898
18	0.688	1.330	1.734	2.101	2.552	2.878
19	0.688	1.328	1.729	2.093	2.539	2.861
20	0.687	1.325	1.725	2.086	2.528	2.845
21	0.686	1.323	1.721	2.080	2.518	2.831
22	0.686	1.321	1.717	2.074	2.508	2.819
23	0.685	1.319	1.714	2.069	2.500	2.807
24	0.685	1.318	1.711	2.064	2.492	2.797
25	0.684	1.316	1.708	2.060	2.485	2.787
26	0.684	1.315	1.706	2.056	2.479	2.779
27	0.684	1.314	1.703	2.052	2.473	2.771
28	0.683	1.313	1.701	2.048	2.467	2.763
29	0.683	1.311	1.699	2.045	2.462	2.756
30	0.683	1.310	1.697	2.042	2.457	2.750
40	0.681	1.303	1.684	2.021	2.423	2.704
50	0.679	1.299	1.676	2.009	2.403	2.678
60	0.679	1.296	1.671	2.000	2.390	2.660
70	0.678	1.294	1.667	1.994	2.381	2.648
80	0.678	1.292	1.664	1.990	2.374	2.639
90	0.677	1.291	1.662	1.987	2.368	2.632
100	0.677	1.290	1.660	1.984	2.364	2.626
110	0.677	1.289	1.659	1.982	2.361	2.621
∞	0.674	1.282	1.645	1.960	2.326	2.576

3 カイ2乗分布表

自由度 df のカイ2乗分布の**上側確率** p をあたえる分位点の表。

df \ p	0.995	0.99	0.975	0.95	0.9	0.1	0.05	0.025	0.01	0.005
1	0.00	0.00	0.00	0.00	0.02	2.71	3.84	5.02	6.63	7.88
2	0.01	0.02	0.05	0.10	0.21	4.61	5.99	7.38	9.21	10.60
3	0.07	0.11	0.22	0.35	0.58	6.25	7.81	9.35	11.34	12.84
4	0.21	0.30	0.48	0.71	1.06	7.78	9.49	11.14	13.28	14.86
5	0.41	0.55	0.83	1.15	1.61	9.24	11.07	12.83	15.09	16.75
6	0.68	0.87	1.24	1.64	2.20	10.64	12.59	14.45	16.81	18.55
7	0.99	1.24	1.69	2.17	2.83	12.02	14.07	16.01	18.48	20.28
8	1.34	1.65	2.18	2.73	3.49	13.36	15.51	17.53	20.09	21.95
9	1.73	2.09	2.70	3.33	4.17	14.68	16.92	19.02	21.67	23.59
10	2.16	2.56	3.25	3.94	4.87	15.99	18.31	20.48	23.21	25.19
11	2.60	3.05	3.82	4.57	5.58	17.28	19.68	21.92	24.72	26.76
12	3.07	3.57	4.40	5.23	6.30	18.55	21.03	23.34	26.22	28.30
13	3.57	4.11	5.01	5.89	7.04	19.81	22.36	24.74	27.69	29.82
14	4.07	4.66	5.63	6.57	7.79	21.06	23.68	26.12	29.14	31.32
15	4.60	5.23	6.26	7.26	8.55	22.31	25.00	27.49	30.58	32.80
16	5.14	5.81	6.91	7.96	9.31	23.54	26.30	28.85	32.00	34.27
17	5.70	6.41	7.56	8.67	10.09	24.77	27.59	30.19	33.41	35.72
18	6.26	7.01	8.23	9.39	10.86	25.99	28.87	31.53	34.81	37.16
19	6.84	7.63	8.91	10.12	11.65	27.20	30.14	32.85	36.19	38.58
20	7.43	8.26	9.59	10.85	12.44	28.41	31.41	34.17	37.57	40.00
21	8.03	8.90	10.28	11.59	13.24	29.62	32.67	35.48	38.93	41.40
22	8.64	9.54	10.98	12.34	14.04	30.81	33.92	36.78	40.29	42.80
23	9.26	10.20	11.69	13.09	14.85	32.01	35.17	38.08	41.64	44.18
24	9.89	10.86	12.40	13.85	15.66	33.20	36.42	39.36	42.98	45.56
25	10.52	11.52	13.12	14.61	16.47	34.38	37.65	40.65	44.31	46.93
26	11.16	12.20	13.84	15.38	17.29	35.56	38.89	41.92	45.64	48.29
27	11.81	12.88	14.57	16.15	18.11	36.74	40.11	43.19	46.96	49.64
28	12.46	13.56	15.31	16.93	18.94	37.92	41.34	44.46	48.28	50.99
29	13.12	14.26	16.05	17.71	19.77	39.09	42.56	45.72	49.59	52.34
30	13.79	14.95	16.79	18.49	20.60	40.26	43.77	46.98	50.89	53.67
35	17.19	18.51	20.57	22.47	24.80	46.06	49.80	53.20	57.34	60.27
40	20.71	22.16	24.43	26.51	29.05	51.81	55.76	59.34	63.69	66.77
45	24.31	25.90	28.37	30.61	33.35	57.51	61.66	65.41	69.96	73.17
50	27.99	29.71	32.36	34.76	37.69	63.17	67.50	71.42	76.15	79.49

問題解答

第1章

◆ 1.1 確率・確率変数

確認 1.1 バイクの販売台数を X，ヘルメットの販売個数を Y とします．

(1) 定義 1.3（p.5）より，$P(1|X=1) = 0.4/(0.1 + 0.4 + 0.02) = 10/13$

(2) (1) と同様に，$P(2|X=2) = 0.11/(0.01 + 0.01 + 0.11) = 11/13$

(3) もとめる確率は，$P(1|X=1 \text{ or } 2) + P(2|X=1 \text{ or } 2)$ です．$P(1|X=1 \text{ or } 2) = 0.41/0.65 = 41/65$，$P(2|X=1 \text{ or } 2) = 0.13/0.65 = 13/65$ より，$41/65 + 13/65 = 54/65$ となります．

確認 1.2 迷惑メールが届くという事象を A，メールに xxx という文字が含まれるという事象を B とします．

(1) 迷惑メールが届く確率を $P(A)$ とすると，設問から $P(A) = 20/100 = 1/5 = 0.2$，$P(A^c) = 4/5 = 0.8$ となっています．迷惑メールに xxx という文字が含まれる確率は 0.2 でなので，$P(B|A) = 0.2$ です．さらに通常のメールにも 0.1 の確率で xxx という文字が含まれるので，$P(B|A^c) = 0.1$ ということもわかっています．したがって，ベイズの定理より，xxx という文字が含まれるメールが迷惑メールである確率は以下のようにもとめられます．

$$P(A|B) = \frac{P(A)P(B|A)}{P(A)P(B|A) + P(A^c)P(B|A^c)} = \frac{0.2 \times 0.2}{0.2 \times 0.2 + 0.8 \times 0.1}$$
$$= \frac{1}{3}$$

(2) さらに 300 通を受け取ったとき，$P(A) = 60/400 = 0.15$，$P(A^c) = 0.85$，$P(B|A) = 0.4$，$P(B|A^c) = 0.03$ だとわかるので，(1) と同様にベイズの定理より，確率 $P(A|B)$ を得ます．

$$P(A|B) = \frac{P(A)P(B|A)}{P(A)P(B|A) + P(A^c)P(B|A^c)}$$

$$= \frac{0.15 \times 0.4}{0.15 \times 0.4 + 0.85 \times 0.03} = \frac{120}{171} = \frac{40}{57}$$

したがって，向上した精度は以下のとおりです．

$$\frac{40}{57} - \frac{1}{3} = \frac{7}{19}$$

◆ 1.2 和記号・積記号

確認 1.3 $\left(\sum_{i=1}^{3} x_i\right)^2 = (x_1 + x_2 + x_3)(x_1 + x_2 + x_3)$ なので，整理すると $\left(\sum_{i=1}^{3} x_i\right)^2 = \sum_{i=1}^{3} x_i^2 + 2(x_1x_2 + x_1x_3 + x_2x_3)$ となっており，$\sum_{i=1}^{3} x_i^2$ と必ずしも等しくないことがわかります．

応用 1.1 $\bar{x} = \frac{1}{n}\sum_{i=1}^{n} x_i$ であることに注意します．

(1) $\sum_{i=1}^{n}(x_i - \bar{x}) = \sum_{i=1}^{n} x_i - \sum_{i=1}^{n} \bar{x} = \sum_{i=1}^{n} x_i - \bar{x} \times n = \sum_{i=1}^{n} x_i - \sum_{i=1}^{n} x_i = 0$

(2) $\sum_{i=1}^{n}(x_i - \bar{x})^2 = \sum_{i=1}^{n}(x_i^2 - 2x_i\bar{x} + \bar{x}^2) = \sum_{i=1}^{n} x_i^2 - 2\bar{x}\sum_{i=1}^{n} x_i + \sum_{i=1}^{n} \bar{x}^2$

$\qquad = \sum_{i=1}^{n} x_i^2 - 2\bar{x}(n \times \bar{x}) + n \times \bar{x}^2 = \sum_{i=1}^{n} x_i^2 - n\bar{x}^2$

(3) $\sum_{i=1}^{2}\sum_{j=1}^{2} x_i y_j = \sum_{i=1}^{2} x_i \sum_{j=1}^{2} y_j$

$\qquad = (x_1 + x_2)(y_1 + y_2) = x_1y_1 + x_1y_2 + x_2y_1 + x_2y_2$

(4) $x_i = x_{i-1} + a_i, (i = 1, \ldots, 10)$ なので，$x_{10} = x_9 + a_{10}$ となっています．ここで右辺の x_9 に $x_9 = x_8 + a_9$ を代入すると $x_{10} = x_8 + a_9 + a_{10}$ とあらわすことができます．以降，同様の操作を繰り返すと，$x_{10} = x_0 + \sum_{i=1}^{10} a_i$ を得ます．

◆ 1.3 母集団とその代表値

確認 1.4

(1) TOPIX の終値は現在までの有限の実現値しかありませんが，これから先も続いていくので無限母集団と考えられます．

(2) たとえば，県庁所在地などのように地点を特定すれば有限母集団ですが，地点を特定しなければ無限母集団と考えられます．

(3) 昨年 1 年に出版された本は数え上げることができるので有限母集団です．

確認 1.5

(1) 標本平均は母集団の一部を取り出して計算した平均ですから，母集団平均と同じになるとは限りません．

(2) かたよりがないように，標本を無作為に抽出します．

(3) 十分に大きい回数 n を設定し，表が出れば 1，裏が出れば 0 という結果を n 回記録します．そして，その n 個の記録の標本平均を計算すれば，コインの表が出る確率を調べることができます．

確認 1.6

(1) 定義 1.10（p.20）から，平均を比較します．A の水槽の平均は 10cm，B の水槽の平均は 9cm なので，A の水槽を選んだ方が平均的に大きい金魚が獲られることがわかります．

(2) 定義 1.10 から，分散，あるいは標準偏差を比較します．A の水槽の分散は 6，B の水槽の分散は $\sqrt{v}^2 = 1.5^2 = 2.25$ なので，B の水槽を選んだ方が同じようなサイズの金魚が選べることがわかります．

標準偏差を計算しても，A の標準偏差は $\sqrt{6} = 2.45$ となり，分散でみたものと同じ結果が得られます．

確認 1.7 定義 1.11（p.22）の共分散は，

$$v_{xy} = \frac{1}{n}\sum_{i=1}^{n}(x_i - \bar{x})(y_i - \bar{y}) = \frac{1}{n}\sum_{i=1}^{n} x_i y_i - \bar{x}\bar{y}$$

分散は，

$$v_x = \frac{1}{n}\sum_{i=1}^{n}(x_i - \bar{x})^2 = \frac{1}{n}\sum_{i=1}^{n} x_i^2 - \bar{x}^2,$$

$$v_y = \frac{1}{n}\sum_{i=1}^{n}(y_i - \bar{y})^2 = \frac{1}{n}\sum_{i=1}^{n} y_i^2 - \bar{y}^2$$

となります．$\bar{x} = \frac{1}{n}\sum_{i=1}^{n} x_i$，$\bar{y} = \frac{1}{n}\sum_{i=1}^{n} y_i$ より，$v_{xy} = 0.552$，$v_x = 0.773$，$v_y = 0.969$ となり相関係数は，

$$\frac{0.552}{\sqrt{0.773}\sqrt{0.969}} = 0.638$$

となります.

◆ 1.4 微分・積分

確認 1.8

(1) p.26 の性質 1.2 の (3) より,$(x^2)' + (5\sqrt{x})' = 2x + \dfrac{5}{2\sqrt{x}}$

(2) $y = x\sqrt{x} = x^{\frac{3}{2}}$ なので性質 1.2 の (2) より $\dfrac{3}{2}\sqrt{x}$,または性質 1.2 の (4) より,$f(x) = x$,$g(x) = \sqrt{x}$ とすれば,$\sqrt{x} + \dfrac{x}{2\sqrt{x}} = \dfrac{3x}{2\sqrt{x}} = \dfrac{3}{2}\sqrt{x}$

(3) 性質 1.2 の (4) より,$f(x) = 4x + 3$,$g(x) = 2x^2 + x$ とすれば,$4(2x^2 + x) + (4x + 3)(4x + 1) = 24x^2 + 20x + 3$

確認 1.9

(1) p.28 の性質 1.3 の (3) を利用して,$F(x) = x^3$ となるので,$F(2) - F(-1) = 8 - (-1) = 9$

(2) (1) と同様に,$F(x) = -x^{-1}$ となるので,もとめる積分は $F(\infty) - F(1) = 0 - (-1) = 1$

(3) (2) と同様に,$F(x) = \dfrac{2}{3}x^{3/2}$ となるので,もとめる積分は $F(1) - F(0) = \dfrac{2}{3}$

確認 1.10

(1) $\displaystyle\int_0^x 2s\,ds = \left[s^2\right]_0^x = x^2$ よりもとめる微分は $2x$ となりますが,性質 1.3 (p.28) の (5) を使うと積分を計算しなくてももとめる微分が得られます.

(2) 前問と基本的には同じで,性質 1.3 の (5) を使うことができます.x^2 の x に関する微分が $2x$ であることに気をつければ,以下がもとめる微分になります.

$$\left(\int_0^{x^2} 2s\,ds\right)' = 2x \times 2x^2 = 4x^3$$

◆ 1.5 指数関数・対数関数

確認 1.11

(1) p.32 の性質 1.4 の (1) を用いると $e^{x^2}/e^{-2x+1} = e^{x^2} \times e^{-(-2x+1)} = e^{x^2+2x-1}$

(2) $e^{2x} = (e^x)^2$ なので,$e^{2x} + e^x = (e^x)^2 + e^x = e^x(e^x + 1)$

(3) 性質 1.4 の (3) を用いると，$(e^{3x})' = 3e^{3x}$

確認 1.12

(1) $\prod_{i=1}^{n} \exp\{-(x_i - a)^2\}$ を対数変換すると，

$$\log\left(\prod_{i=1}^{n} \exp\{-(x_i - a)^2\}\right)$$
$$= \log\left(\exp\{-(x_1 - a)^2\} \times \cdots \times \exp\{-(x_n - a)^2\}\right)$$
（性質 1.4 の (4) より）
$$= \log\left(\exp\{-(x_1 - a)^2\}\right) + \cdots + \log\left(\exp\{-(x_n - a)^2\}\right)$$
$$= \{-(x_1 - a)^2\} + \cdots + \{-(x_n - a)^2\}$$
$$= -\sum_{i=1}^{n}(x_i - a)^2$$

(2) $g(x) = x^2$ とすると，p.32 の性質 1.4 の (7) より，

$$(\log x^2)' = \frac{2x}{x^2} = \frac{2}{x}$$

(3) $\sum_{i=1}^{n-1} \log\left(\frac{x_{i+1}}{x_i}\right) = \log\left(\frac{x_n}{x_1}\right)$ は

$$\sum_{i=1}^{n-1} \log\left(\frac{x_{i+1}}{x_i}\right) = \log\left\{\frac{x_2}{x_1} \cdot \frac{x_3}{x_2} \cdots \frac{x_n}{x_{n-1}}\right\}$$
$$= \log\left(\frac{x_n}{x_1}\right)$$

または

$$\sum_{i=1}^{n-1} \log\left(\frac{x_{i+1}}{x_i}\right) = \sum_{i=1}^{n-1}(\log x_{i+1} - \log x_i) = \sum_{i=1}^{n-1}\log x_{i+1} - \sum_{i=1}^{n-1}\log x_i$$
$$= (\log x_2 + \cdots + \log x_n) - (\log x_1 + \cdots + \log x_{n-1})$$
$$= \log x_n - \log x_1 = \log\left(\frac{x_n}{x_1}\right)$$

によって確認できます．

応用 1.2

(1) p.28 の性質 1.3 の (4) をもちいると、

$$\int_0^\infty x \times ae^{-ax}dx = \left[-xe^{-ax}\right]_0^\infty + \int_0^\infty e^{-ax}dx = \left[-\frac{1}{a}e^{-ax}\right]_0^\infty = \frac{1}{a}$$

ただし $\lim_{x \to \infty} xe^{-x} = 0$

(2) 性質 1.3 の (5) をもちいると、$\left(\int_0^x ae^{-as}ds\right)' = 1 \times ae^{-ax} = ae^{-ax}$ となります。

◆ 1.6 最大値と最小値

確認 1.13

$$\prod_{i=1}^n \exp\left\{-\frac{1}{2}(x_i - a)^2\right\} = \exp\left\{-\frac{1}{2}\sum_{i=1}^n (x_i - a)^2\right\}$$

ですから、p.37 の例題 1.17 の (2) と同様に、$f(a) = \exp\left\{-\frac{1}{2}\sum_{i=1}^n (x_i - a)^2\right\}$ の極大値を与える a をもとめるかわりに、対数変換した $\log f(a)$ の極大値を与える a をもとめる方が簡単です。

$$\log f(a) = -\frac{1}{2}\sum_{i=1}^n (x_i - a)^2 \text{ なので、} (\log f(a))' = \sum_{i=1}^n (x_i - a) = 0$$

から、$a = \frac{1}{n}\sum_{i=1}^n x_i$ が $\log f(a)$ の極大値を与えることがわかります。x_i に数字を代入すると、$a = 0.7$ となります。また、$(\log f(a))'' = -n < 0$ より、$a = 0.7$ のとき関数 $f(a)$ は極大値になります。

確認 1.14

(1) $p(1-p)$ を微分すると、$\{p(1-p)\}' = 1 - 2p$ で $1 - 2p = 0$ を p について解くと、$p = 1/2$ となります。さらに、$\{p(1-p)\}'' = -2 < 0$ であることから $p = 1/2$ で $p(1-p)$ は最大になります。

(2) $\prod_{i=1}^n \lambda^{x_i} e^{-\lambda} = \lambda^{\sum_{i=1}^n x_i} e^{-n\lambda}$ の極大値を直接もとめるのは難しいので、対数変換したものの極大値をもとめます。

$$\left\{\log\left(\lambda^{\sum_{i=1}^n x_i} e^{-n\lambda}\right)\right\}' = \left\{\log\left(\lambda^{\sum_{i=1}^n x_i}\right) + \log\left(e^{-n\lambda}\right)\right\}'$$

$$= \left\{\sum_{i=1}^{n} x_i \log \lambda - n\lambda\right\}'$$

$$= \frac{\sum_{i=1}^{n} x_i}{\lambda} - n$$

となるので，$\sum_{i=1}^{n} x_i/\lambda - n = 0$ を λ について解くと，$\lambda = \sum_{i=1}^{n} x_i/n$ となります．また，

$$\left\{\log\left(\lambda^{\sum_{i=1}^{n} x_i} e^{-n\lambda}\right)\right\}'' = -\frac{\sum_{i=1}^{n} x_i}{\lambda^2} < 0$$

なので，$\lambda = \sum_{i=1}^{n} x_i/n$ が極大値を与える点になります．

第2章

◆ 2.1 離散確率変数

確認 2.1

(1) 個数に関する確率分布を考えればよいので，候補としては二項分布かポアソン分布があげられます．特にポアソン分布を考える方がよい状況（Comment 2.4（p.46））ではありませんので，二項分布を考えるのが適切です．

(2) 双子の人たちに出会う機会はあまり多くありません．したがって，ポアソン分布を考えるのが適切です．

確認 2.2

(1) 例題 2.2（p.42）と同様に，サイコロを投げたときに出る目を X とすると，1 回あたりにあげるお菓子の個数は，

$$E[X] = \frac{1}{6}\sum_{i=1}^{6} x_i = 3.5$$

です．200 回分のお菓子を準備するには，平均的には $3.5 \times 200 = 700$ 個のお菓子を準備すればよいことがわかります．

(2) 700 個のお菓子を準備するには，$700 \times 10 = 7000$ 円の費用がかかります．1 回 50 円で 200 回のゲームを行えば，収益は $200 \times 50 = 10000$ 円です．したがって，収益 − 費用 $= 10000 - 7000 = 3000$ 円となるので，平均的には 3000 円の利益となります．

応用 2.1　例題 2.3（p.44）では，当たる確率が 10%以下と小さかったので，ポアソン分布で考えました。この問題では 12 レースとレースの数（試行回数）が少ないのに，平均 3 回当たっていますから，当たる確率は 3/12 で 25%の成功確率と考えることができます。そうするとポアソン分布よりも二項分布の方が適切だと考えられます。試行回数 $n = 12$，成功確率 $p = 3/12 = 0.25$ の二項分布に従っていると考えると

(1)　1 度も当たらない確率は

$$p(0) = {}_{12}C_0 0.25^0 (1-0.25)^{12-0} = 0.032$$

となります。例題 2.3 の (1) のポアソン分布による結果と比べると，2%近く差があることがわかります。

(2)　6 回以上当たる確率は，

$$1 - P(X \leq 5) = 1 - (p(0) + p(1) + p(2) + p(3) + p(4) + p(5))$$
$$= 1 - ({}_{12}C_0 0.25^0 0.75^{12} + {}_{12}C_1 0.25^1 0.75^{11} + \cdots + {}_{12}C_5 0.25^5 0.75^7)$$
$$= 1 - 0.946 = 0.054$$

です。

◆ 2.2　連続確率変数

確認 2.3

(1)　5 日以内に財布がみつかる確率は，定義 2.10（p.56）に $\lambda = 1/3$ を代入して，$F(5) = 0.811$ となります。

(2)　3 日目から 8 日目までの間に財布がみつかる確率は，(1) と同様に $\lambda = 1/3$ を代入して，$F(8) - F(3) = 0.931 - 0.632 = 0.299$ となります。(1) の解答と比べると，同じ 5 日間という間隔でも，(2) の確率の方が小さくなっていることがわかります。

(3)　10 日目以降に財布がみつかる確率は，$1 - F(10) = 1 - 0.964 = 0.036$ となります。すなわち，10 日目以降に財布がみつかる確率はとても小さくなることがわかります。

◆ 2.3　確率分布表の使い方

確認 2.4

(1)　金融業の初任給を X とすると，もとめたい確率は，$P(X \geq 19)$ です。つまり，Comment 2.12（p.67）の (1) の確率をもとめる問題です。まず，標準化して，

$$P(X \geq 19) = P\left(\frac{X - 22}{\sqrt{8}} \geq \frac{19 - 22}{\sqrt{8}}\right) = P\left(\frac{X - 22}{\sqrt{8}} \geq \frac{-3}{\sqrt{8}}\right)$$

をもとめればよいことがわかります。$-3/\sqrt{8} = -1.06$ とすると，

$$P\left(\frac{X - 22}{\sqrt{8}} \geq -1.06\right) = P\left(\frac{X - 22}{\sqrt{8}} \leq 1.06\right)$$

となります。標準正規分布表から 1.06 の確率をもとめると，0.8554 となり，金融業の 85.54%の企業が上回っています。

(2) この問題は Comment 2.12 の (2) の分位点をもとめる問題です。まず，金融業の上位 10%の初任給を x^* とすると，$P(X \geq x^*) = 0.1$ となる x^* は，標準化して，

$$P\left(\frac{X - 22}{\sqrt{8}} \geq \frac{x^* - 22}{\sqrt{8}}\right) = 0.1$$

となる，$(x^* - 22)/\sqrt{8}$ をもとめます。ただし，標準正規分布表は下側確率が掲載されているので，

$$P\left(\frac{X - 22}{\sqrt{8}} \leq \frac{x^* - 22}{\sqrt{8}}\right) = 0.9$$

となる点を標準正規分布表で探すと，$(x^* - 22)/\sqrt{8} = 1.28$ であることがわかります。したがって，$x^* = 25.620$ で，25.62 万円以上の初任給となります。

次に，製造業の初任給を Y とすると，もとめる確率は，$P(Y > 25.620)$ です。標準化して，

$$P(Y > 25.620) = P\left(\frac{Y - 19}{\sqrt{9}} > \frac{25.620 - 19}{\sqrt{9}}\right)$$
$$= 1 - P\left(\frac{Y - 19}{\sqrt{9}} < \frac{25.620 - 19}{\sqrt{9}}\right)$$

をもとめればよいことがわかります。$(25.620 - 19)/\sqrt{9} = 2.21$ となる点の確率は，標準正規分布表より 0.9864 であるので，もとめる確率は $1 - 0.9864 = 0.0136$ より，1.36%であることがわかります。

応用 2.2 (1) と (2) は Comment 2.12（p.67）の (1) のような確率をもとめる問題の応用です。

(1) いま，もとめたいのは 53 点の C 君と 50 点の A 君との間に何人いるかなので，確率 $P(50 \leq X \leq 53)$ をもとめて，10000 をかければ 2 人の間に何人いるか考えることができます。そこで，X を標準化して，

$$P\left(\frac{50 - 55}{14} \leq Z \leq \frac{53 - 55}{14}\right) = P(-0.36 \leq Z \leq -0.14)$$

の確率をもとめればよいことがわかります。この確率は，$P(Z \leq -0.14) - P(Z \leq -0.36)$ で計算できますが，標準正規分布表には 0 以上の場合しか確率が与えられていません。そこで，$\Phi(-z) = 1 - \Phi(z)$ の関係をもちいて，$(1 - P(Z \leq 0.14)) - (1 - P(Z \leq 0.36)) = P(Z \leq 0.36) - P(Z \leq 0.14)$ を計算すればもとめられます。この確率は $0.6406 - 0.5557 = 0.0849$ となります。したがって，A 君と C 君の間には，$0.0849 \times 10000 = 849$ 人いると考えられます。

(2) 前問と同様に
$$P(72 \leq X \leq 75) = P\left(\frac{72-55}{14} \leq Z \leq \frac{75-55}{14}\right)$$
$$= P(1.21 \leq Z \leq 1.43) = P(Z \leq 1.43) - P(Z \leq 1.21)$$
$$= 0.9236 - 0.8869 = 0.0367$$

となります。したがって，B 君と D 君の間には $0.0367 \times 10000 = 367$ 人いると考えられます。

問題 (1) と (2) では，同じ 3 点差の区間の確率から 2 人の間にいる人数をもとめていますが，2 人の間にいる人数が大きく違っています。正規分布は，平均周りでその事象が起こりやすいという性質があることに注目してください。その性質を考えると，平均周りの点数の人が順位を上げるよりも，点数の高い人が順位を上げることが難しいと想像できるはずです。つまり，偏差値においては，たとえば 55 から 56 に上げるよりも，70 から 71 に上げる方が難しいことを意味しています。

◆ 2.4 複数の確率変数

確認 2.5

(1) 定義 2.16（p.71）より，$f(x,y) = f_X(x) \times f_Y(y)$ なので
$$\int_{-\infty}^{\infty} f(x,y) dy = \int_{-\infty}^{\infty} f_X(x) \times f_Y(y) dy = f_X(x) \int_{-\infty}^{\infty} f_Y(y) dy$$
$$= f_X(x)$$

(2) $X_i \sim N(\mu_i, \sigma_i^2)$ で，互いに独立なので，定義 2.16 より，同時確率密度関数は，確率密度関数の積であらわされます。したがって，
$$f(x_1, x_2, \ldots, x_n) = \prod_{i=1}^{n} f(x_i) = \prod_{i=1}^{n} \frac{1}{\sqrt{2\pi}\sigma_i} \exp\left\{-\frac{1}{2}\left(\frac{x_i - \mu_i}{\sigma_i}\right)^2\right\}$$
$$= \frac{1}{(\sqrt{2\pi})^n \prod_{i=1}^{n} \sigma_i} \exp\left\{-\frac{1}{2}\sum_{i=1}^{n}\left(\frac{x_i - \mu_i}{\sigma_i}\right)^2\right\}$$

確認 2.6　p.75 の性質 2.2 より，$E[\mu_X] = \mu_X$ であり，$E[X] = \mu_X$ であるので，

$$E[X - \mu_X] = E[X] - E[\mu_X] = \mu_X - \mu_X = 0$$

となります。

◆ 2.5　その他の事項

確認 2.7
(1)　p.75 の性質 2.2 の (1) をもちいて，$\bar{X}$ の期待値は，

$$E[\bar{X}] = E\left[\frac{1}{n}\sum_{i=1}^{n} X_i\right] = \frac{1}{n} E\left[\sum_{i=1}^{n} X_i\right] = \frac{1}{n}\sum_{i=1}^{n} E[X_i] = \frac{1}{n}\sum_{i=1}^{n} \mu = \mu$$

(2)　(1) と同様にして，$\bar{X}$ の分散をもとめると，

$$V[\bar{X}] = V\left[\frac{1}{n}\sum_{i=1}^{n} X_i\right] = \frac{1}{n^2} V\left[\sum_{i=1}^{n} X_i\right] = \frac{1}{n^2}\sum_{i=1}^{n} V[X_i]$$
$$= \frac{1}{n^2}\sum_{i=1}^{n} \sigma^2 = \frac{\sigma^2}{n}$$

確認 2.8　$E[Y]$ については $E[Y^k]$ で $k=1$ とすればよいので $\exp(\mu + \sigma^2/2)$。$V[Y]$ については $V[Y] = E[Y^2] - \left(E[Y]\right)^2$ より

$$V[Y] = E[Y^2] - \left(E[Y]\right)^2 = \exp\left\{2\mu + 2\sigma^2\right\} - \left(\exp\left\{\mu + \frac{\sigma^2}{2}\right\}\right)^2$$
$$= \exp\left\{2\mu + 2\sigma^2\right\} - \exp\left\{2\mu + \sigma^2\right\}$$

ともとめることができます。

第3章

◆ 3.1　母集団の代表値の推定

確認 3.1　$\bar{X}$ や S^2 のように確率変数 X_i を使って μ や σ^2 を推定したものを推定量といいます。それに対して，確率変数 X_i の実現値 x_i を使って推定量を計算したものを推定値といいます。したがって，推定値は確率変数である推定量の実現値となります。

確認 3.2　確認 2.7 の解答より $E[\bar{X}] = \mu$，$V[\bar{X}] = \sigma^2/n$ となります。
　また，Comment 3.1 (p.81) より，$\bar{X} \sim N(\mu, \sigma^2/n)$ であることがわかります。

確認 3.3

(1) 要点 3.2（p.84）より，正規分布を利用します。

(2) 図 4.1（p.98）の上図（$\alpha = 0.025$）にあるように両側の確率を足して α になるようにするので，$\alpha/2$ を使います。

(3) 0.95 の信頼区間の方が 0.90 の信頼区間より広くなります。

応用 3.1　要点 3.2（p.84）より，分散が未知の場合を考えます。$\bar{x} = 646.5$, $s^2 = 100$, $n = 25$, $\alpha = 0.05$, t 分布表より $df = 24$ のときの $t_{n-1,\alpha/2} = 2.064$ ということから，

$$\bar{x} - t_{n-1,\alpha/2} \times \sqrt{\frac{s^2}{n}} \leq \mu \leq \bar{x} + t_{n-1,\alpha/2} \times \sqrt{\frac{s^2}{n}}$$

$$646.5 - 2.064 \times \sqrt{\frac{100}{25}} \leq \mu \leq 646.5 + 2.064 \times \sqrt{\frac{100}{25}}$$

$$642.372 \leq \mu \leq 650.628$$

となり，650Kcal が 95%信頼区間の中にあるので，このカロリー表示は妥当と判断できます。

確認 3.4　大きさ 1700 万の有限母集団ですから，

(1) 90%以上の確率で，誤差水準 0.01 以下に誤差をおさえるには

$$c_{0.1/2} \times \sqrt{\frac{N-n}{N-1}} \times \frac{0.5}{\sqrt{n}} \leq 0.01 \text{ より } 1.64 \times \sqrt{\frac{17000000-n}{17000000-1}} \times \frac{0.5}{\sqrt{n}} \leq 0.01$$

となるので，$6721.341907\ldots \leq n$ を得ます。したがって，6722 以上の標本サイズがあればよいことがわかります。

(2) 95%以上の確率で，誤差水準 0.01 以下に誤差をおさえるには

$$c_{0.05/2} \times \sqrt{\frac{N-n}{N-1}} \times \frac{0.5}{\sqrt{n}} \leq 0.01 \text{ より } 1.96 \times \sqrt{\frac{17000000-n}{17000000-1}} \times \frac{0.5}{\sqrt{n}} \leq 0.01$$

となるので，$9598.577933\ldots \leq n$ を得ます。したがって，9599 以上の標本サイズがあればよいことがわかります。

(3) 95%以上の確率で，誤差水準 0.05 以下に誤差をおさえるには

$$c_{0.05/2} \times \sqrt{\frac{N-n}{N-1}} \times \frac{0.5}{\sqrt{n}} \leq 0.05 \text{ より } 1.96 \times \sqrt{\frac{17000000-n}{17000000-1}} \times \frac{0.5}{\sqrt{n}} \leq 0.05$$

となるので，$384.1513417\ldots \leq n$ を得ます。したがって，385 以上の標本サイズがあればよいことがわかります。

◆ 3.2 応用問題

確認 3.5

(1) $\sum_{i=1}^{10} = 94$, $\sum_{i=1}^{10} x_i^2 = 972$ なので,

$$\bar{x} = \frac{1}{10}\sum_{i=1}^{10} = 9.4, \ s^2 = \frac{1}{9}\left\{\sum_{i=1}^{10} x_i^2 - 10\bar{x}^2\right\} = 9.822$$

となります.

(2) 交通事故は滅多に起こらない事象です．1 年で多くても 15 回ということは 1 日に事故が発生する確率は 5%未満です．また，定義 2.5（p.46）でみたように，$E[X]$ と $V[X]$ が同じような値になっていることからも，ポアソン分布に従っていると考えられます．

確認 3.6 要点 3.2 (p.84) より，分散が未知の場合を考えます．そして，信頼係数 0.95 として計算をしていきます．A 君，B さん，C 君の全員で $n = 10$, $\alpha = 0.05$, $df = 9$, $t_{n-1,\alpha/2} = 2.262$ となることがわかります．

A 君の場合，$\bar{x}_A = 133$, $s_A^2 = 6$ なので，

$$\bar{x}_A - t_{n-1,\alpha/2} \times \sqrt{\frac{s_A^2}{n}} \leq \mu \leq \bar{x}_A + t_{n-1,\alpha/2} \times \sqrt{\frac{s_A^2}{n}}$$

$$133 - 2.262 \times \sqrt{\frac{6}{10}} \leq \mu \leq 133 + 2.262 \times \sqrt{\frac{6}{10}}$$

$$131.248 \leq \mu \leq 134.752$$

となります.

B さんの場合，$\bar{x}_B = 134$, $s_B^2 = 3$ なので，

$$\bar{x}_B - t_{n-1,\alpha/2} \times \sqrt{\frac{s_B^2}{n}} \leq \mu \leq \bar{x}_B + t_{n-1,\alpha/2} \times \sqrt{\frac{s_B^2}{n}}$$

$$134 - 2.262 \times \sqrt{\frac{3}{10}} \leq \mu \leq 134 + 2.262 \times \sqrt{\frac{3}{10}}$$

$$132.761 \leq \mu \leq 135.239$$

となります.

C 君の場合，$\bar{x}_C = 138$, $s_C^2 = 16$ なので，

$$\bar{x}_C - t_{n-1,\alpha/2} \times \sqrt{\frac{s_C^2}{n}} \leq \mu \leq \bar{x}_C + t_{n-1,\alpha/2} \times \sqrt{\frac{s_C^2}{n}}$$

$$138 - 2.262 \times \sqrt{\frac{16}{10}} \leq \mu \leq 138 + 2.262 \times \sqrt{\frac{16}{10}}$$

$$135.139 \leq \mu \leq 140.861$$

となります。

したがって，B さんに関しては 95%信頼区間に 135 g が含まれているので，ポテトの調理を許可できますが，A 君と C 君は平均して 135 g のポテトを作ることができないので，ポテトの調理を許可してはいけないと結論づけることができます。

確認 3.7 優勝決定戦の視聴率を p_A，日本シリーズの視聴率を p_B とします。

(1) Comment 3.3（p.84）より，母集団分布は正規分布ではないですが，標本が 600 と十分に大きいので正規近似から，

$$\hat{p}_A - c_{\alpha/2} \times \sqrt{\frac{\hat{p}_A(1-\hat{p}_A)}{n}} \leq p_A \leq \hat{p}_A + c_{\alpha/2} \times \sqrt{\frac{\hat{p}_A(1-\hat{p}_A)}{n}}$$

によって信頼区間をもとめます。$\hat{p}_A = 0.121$，$\hat{p}_A(1-\hat{p}_A) = 0.106359$，$n = 600$，$c_{\alpha/2} = 1.64$ なので，信頼区間は $0.099 \leq p_A \leq 0.143$ となります。

(2) (1) と同様に求めると，$\hat{p}_B = 0.097$，$\hat{p}_B(1-\hat{p}_B) = 0.087591$，$n = 600$，$c_{\alpha/2} = 1.64$ なので，信頼区間は $0.077 \leq p_B \leq 0.117$ となります。

(3) 点推定値は $0.097 \leq 0.121$ で優勝決定戦の方が視聴率は高いですが，区間推定の結果をみると，信頼区間が重なっていますから，優勝決定戦が日本シリーズを圧倒したとは一概にはいえません。

第 4 章

◆ 4.1 母集団の代表値に関する検定

確認 4.1

(1) 検定統計量は (4.1) で自由度 9 の t 分布に従います。両側検定で臨界値は $\pm t_{9,\alpha/2}$ であり，棄却域は $(-\infty, -t_{9,\alpha/2}]$ と $[t_{9,\alpha/2}, \infty)$ です。

(2) 検定統計量は (4.2) で標準正規分布に従います。両側検定で臨界値は $\pm c_{\alpha/2}$ であり，棄却域は $(-\infty, -c_{\alpha/2}]$ と $[c_{\alpha/2}, \infty)$ です。

(3) 検定統計量は (4.1) で自由度 14 の t 分布に従います。片側検定で臨界値は $-t_{14,\alpha}$ であり，棄却域は $(-\infty, -t_{14,\alpha}]$ です。

確認 4.2 例題 3.3（p.86）と同様に，未知の p にはその推定値である $\bar{x} = 0.91$ を代入し，信頼区間をもとめます。

$$\bar{x} - c_{\alpha/2} \times \sqrt{\frac{\bar{x}(1-\bar{x})}{300}} \leq p \leq \bar{x} + c_{\alpha/2} \times \sqrt{\frac{\bar{x}(1-\bar{x})}{300}}$$

より $0.91 - 1.96 \times 0.0165 \leq p \leq 0.91 + 1.96 \times 0.0165$ となり，$0.878 \leq p \leq 0.942$ を得ます。ここでは p の推定量 $\bar{X}$ の分散として $\bar{x}(1-\bar{x})/n$ を利用しています。要点 4.3 (p.101) にある検定統計量 (4.3) の分母の平方根の中を $p_0(1-p_0)/n$ ではなく，$\bar{x}(1-\bar{x})/n$ とした $\dfrac{\bar{x} - p_0}{\sqrt{\bar{x}(1-\bar{x})/n}}$ も要点 4.3 の仮説を検定する検定統計量として利用できます。

確認 4.3 「P(T<=t) 両側」の値をみると，0.05 よりも小さいので，帰無仮説 $H_0 : \mu_x = \mu_y$ は棄却されます。

◆ 4.2 適合度検定と分割表・独立性の検定

確認 4.4

(1) 要点 4.11（p.120）から $(k-1) \times (\ell-1)$ の自由度のカイ 2 乗分布に従うので，この場合は，自由度 $(3-1) \times (2-1) = 2$ の自由度のカイ 2 乗分布に従います。

(2) カイ 2 乗分布表より自由度 3 のカイ 2 乗分布の上側確率 1%点は 11.34 で 5%点は 7.81 となります。

(3) 要点 4.11 にあるように帰無仮説は独立であるので，帰無仮説が棄却されれば，独立でないと判断できます。

確認 4.5 2×2 の分割表（独立性）の検定に従って，C_i を候補者の選択，D_j を性別の違いとします。

(1) 帰無仮説と対立仮説は

$$H_0 : P(C_i, D_j) = P(C_i) \times P(D_j), \ i, j = 1, 2,$$
$$H_1 : P(C_i, D_j) \neq P(C_i) \times P(D_j), \ \text{いずれかの } i, j \text{ に関して}$$

あるいは，

H_0：候補者の選択と性別の違いが互いに独立である，

H_1：候補者の選択と性別の違いが互いに独立でない

となります．

(2) 自由度 1 のカイ 2 乗分布に従います．

(3) 観測度数と計算された期待度数から検定統計量 (4.10) は

$$\frac{(65-58.85)^2}{58.85} + \frac{(42-48.15)^2}{48.15} + \frac{(45-51.15)^2}{51.15} + \frac{(48-41.85)^2}{41.85} = 3.071$$

になります．自由度 1 のカイ 2 乗分布の上側確率 0.05 となる点は 3.84 ですから，検定統計量の値は棄却域に入っていません．したがって，候補者の選択と性別の違いには関連があるとはいいきれません．

第 5 章

◆ 5.1 回帰モデルの推定

確認 5.1

(1) t 値は定義 5.2（p.127）から，$\dfrac{2.0}{0.99} = 2.02$ と計算できます．臨界値は $t_{n-2,\alpha/2} = 2.048$ です．$2.02 < 2.048 = t_{n-2,\alpha/2}$ となるので，帰無仮説 $H_0 : \beta = 0$ は棄却できません．

(2) p 値が $0.04 < 0.05$ なので，帰無仮説 $H_0 : \beta = 0$ は棄却されます．

(3) Comment 5.1（p.127）より，検定統計量は $\dfrac{3.74-5}{1.087} = -1.159$ となります．$|-1.159| < 2.306 = t_{n-2,\alpha/2}$ なので，帰無仮説 $H_0 : \alpha = 5$ は棄却できません．

(4) (3) と同様に，検定統計量は $\dfrac{0.224-0.5}{0.082} = -3.366$ となります．$|-3.366| > 2.306 = t_{n-2,\alpha/2}$ なので，帰無仮説 $H_0 : \beta = 0.5$ は棄却されます．

確認 5.2

(1) $K = 4$ であるので，Comment 5.3（p.129）より，自由度 $n-(K+1) = 30$ の t 分布に従います．また，臨界値は $t_{n-(K+1),\alpha/2}$ なので，± 2.042 となります．

(2) $K = 5$ のモデルでは，決定係数が 0.02 だけ $K = 4$ のモデルよりも大きくなっていますが，自由度修正済み決定係数をみると，$K = 4$ のモデルの方が 0.04 大きいのがわかります．したがって，$K = 4$ のモデルの方が当てはまりがよいと判断します．

◆ 5.2 応用問題

確認 5.3

(1) 四半期の違いを $\alpha + D_1\beta_1 + D_2\beta_2$ であらわすことにします．このとき，第 1 四半期は α，同様に，第 2 四半期は $\alpha + \beta_1$，第 3 四半期は $\alpha + \beta_2$，第 4 四半期は $\alpha + \beta_1 + \beta_2$ となります．一見，違いをあらわせているようにみえますが，第 1 四半期と第 3 四半期の差は β_2，第 2 四半期と第 4 四半期の差も β_2 となっています．しかし，それら 2 つの差が同一であるとは限らないので，ダミー変数 2 つでは四半期の違いを説明するには十分ではありません．

(2) 四半期の違いを $\alpha + D_1\beta_1 + D_2\beta_2 + D_3\beta_3 + D_4\beta_4$ であらわすことにします．このとき，第 1 四半期は $\alpha + \beta_1$ となります．同様に，第 2 四半期は $\alpha + \beta_2$，第 3 四半期は $\alpha + \beta_3$，第 4 四半期は $\alpha + \beta_4$ となります．この場合は四半期の区別はできますが，α_1，β_1，β_2，β_3，β_4 を最小 2 乗推定することはできません．詳しくは計量経済学のテキストを参照してください．

応用 5.1 $\gamma + \delta$ が 1 であるという制約を課さなければ，例題 5.6（p.139）の解答にあるように

$$\log\left(\frac{Y_i}{L_i}\right) = \log A + \gamma \log\left(\frac{K_i}{L_i}\right) + (\gamma + \delta - 1)\log L_i + \epsilon_i$$

となりますが，制約を課すと，

$$\log\frac{Y_i}{L_i} = \log A + \gamma \log\frac{K_i}{L_i} + \epsilon_i$$

となります．$\log(Y_i/L_i) = y_i$，$\log(K_i/L_i) = x_{1i}$ とすると，上式は

$$y_i = \alpha + x_{1i}\beta_1 + \epsilon_i$$

と単回帰モデルになります．

このとき，$\log(Y_i/L_i)$，$\log(K_i/L_i)$ を Excel の ln(·) 関数を使って作成し，分析ツールで分析すると，以下の結果が得られます．

回帰統計			係数	標準誤差	t	P-値
重相関 R	0.815	切片	2.713	0.455	5.959	0.000
重決定 R2	0.665	X 値 1	0.635	0.067	9.449	0.000
補正 R2	0.657					
標準誤差	0.148					
観測数	47					

上の結果をみてみると，例題 5.6 の結果と比べて決定係数が小さいことがわかります。また，自由度修正済み決定係数も小さいので，例題 5.6 で推定したモデルの方が当てはまりがよいことがわかります。

索引

あ行

一様分布　52
一致性　81

上側確率　66

F 分布　60

か行

カイ 2 乗分布　58
確率　2
確率関数　40
確率変数　10
確率変数の独立性　71
確率密度関数　49
片側検定　99
加法定理　3

棄却　97
棄却域　97
期待値　42, 51
帰無仮説　97
共分散　22, 72
極小値　35
極大値　35

区間推定　80

係数の有意性検定　127
決定係数　130

検定統計量　97

効率性　81
コーシー分布　61
誤差　124
誤差項　124
根元事象　2

さ行

最小 2 乗推定法　125
採択　97
最頻値（モード）　21
残差　124
残差平方和　125

事象　2
事象の独立性　5
指数関数　30
指数関数と対数関数の性質　32
指数分布　56
重回帰モデル　129
自由度　61
自由度修正済み決定係数　130
周辺確率関数　70
周辺確率密度関数　70

条件付確率　5
信頼区間　84
信頼係数　84

推定　80
推定値　81
推定量　81

正規分布　54
正規母集団　81
成功確率の検定　100
積記号　12
積事象　3
積分に関する性質　28
説明変数　124
線形回帰モデル　124, 125
全事象　2

相関係数　22, 73

た 行

対数関数　31
対数正規分布　77
対立仮説　97
互いに独立　5
ダミー変数　134
単回帰モデル　124

中央値（メディアン）　21
中心極限定理　85

t 値　127
t 分布　59

t 分布表　66
適合度検定　113
点推定　80

導関数　25
同時確率　3
同時確率関数　70
同時確率密度関数　70
同時分布　70
等分散性の検定　110
独立性の検定　117

な 行

二項分布　45

は 行

排反　2
パラメータ　124

p 値　110, 127
被説明変数　124
微分　25
微分に関する性質　26
標準化　62
標準誤差　127
標準正規分布　55
標準正規分布表　63
標準偏差　20
標本　18
標本空間　2
標本調査　18
標本分散　81
標本平均　81

不偏性　81
分位点　66
分割表　117
分散　20, 42, 51
分布関数　40, 49

平均　20
平均値の検定　97
平均値の差の検定　103
ベイズの定理　8
ベルヌーイ試行　45
ベルヌーイ分布　44
偏差値　65
ベン図　3

ポアソン分布　46
母集団　16

ま　行

無限母集団　16

無作為抽出　76
無相関　73

や　行

有意水準　97
有限母集団　16

ら　行

離散確率変数　40
両側検定　99
臨界値　97

連続確率変数　49

わ　行

和記号　12
和記号と積記号の性質　13
和事象　3

著者紹介

大屋　幸輔（おおや　こうすけ）

1963 年　福岡県に生まれる
1986 年　九州大学経済学部卒業
1991 年　九州大学大学院経済学研究科博士後期課程（単位取得退学）
　　　　 京都大学講師（経済研究所）
1993 年　大阪大学講師（経済学部）
1994 年　博士（経済学）取得（九州大学）
　　　　 大阪大学助教授（経済学部）
現　在　 大阪大学教授（大学院経済学研究科）

主要論文

"Wald, LM and LR Test Statistics of Linear Hypotheses in a Structural Equation Model", *Econometric Reviews*, 16, 1997.

"Dickey-Fuller, Lagrange Multiplier and Combined Tests for a Unit Root in Autoregressive Time Series", *Journal of Time Series Analysis*, 19, 1998.（共著）

"Estimation and Testing for Dependence in Market Microstructure Noise", *Journal of Financial Econometrics*, 7, 2009.（共著）

各務　和彦（かかむ　かずひこ）

1977 年　岐阜県に生まれる
2000 年　南山大学経済学部卒業
2007 年　大阪大学大学院経済学研究科博士後期課程修了　博士（経済学）
　　　　 千葉大学講師，准教授，神戸大学准教授，教授を経て
現　在　 名古屋市立大学教授（データサイエンス学部）

主要論文

"Spatial Patterns of Production Activity in Japanese MEA: A Bayesian Approach," *Empirical Economics Letters*, 7, 2008.

"Multilevel Decomposition Methods for Income Inequality Measures," *Japanese Economic Review*, 60, 2009.（共著）

"Forecasting Electricity Demand in Japan: A Bayesian Spatial Autoregressive ARMA Approach," *Computational Statistics & Data Analysis*, 54, 2010.（共著）

基本演習経済学ライブラリ＝4
基本演習 統計学

2012年7月10日 ©	初 版 発 行
2025年3月10日	初版第8刷発行

著　者　大屋幸輔・各務和彦　　発行者　御園生晴彦
　　　　　　　　　　　　　　　印刷者　山 岡 影 光
　　　　　　　　　　　　　　　製本者　小 西 惠 介

【発行】　　　　　株式会社 新世社
〒151-0051　東京都渋谷区千駄ヶ谷1丁目3番25号
☎ (03) 5474-8818（代）　　　サイエンスビル

【発売】　　　　　株式会社 サイエンス社
〒151-0051　東京都渋谷区千駄ヶ谷1丁目3番25号
営業☎ (03) 5474-8500（代）　振替 00170-7-2387
FAX☎ (03) 5474-8900

印刷　三美印刷　　　　製本　ブックアート
《検印省略》

本書の内容を無断で複写複製することは，著作者および出版者の権利を侵害することがありますので，その場合にはあらかじめ小社あて許諾をお求め下さい．

ISBN978-4-88384-182-0

PRINTED IN JAPAN

サイエンス社・新世社のホームページのご案内
http://www.saiensu.co.jp
ご意見・ご要望は
shin@saiensu.co.jp まで．

経済学コア・テキスト＆最先端 別巻1

コア・テキスト
統 計 学
第3版

大屋幸輔 著
A5判／336頁／本体2150円（税抜き）

統計学のスタンダードテキストとして幅広い支持を得てきた書の最新版。以前にもまして統計学の役割が期待されるようになってきたことを踏まえて，エビデンスに基づく政策評価などで利用される因果推論の基礎的な考え方も紹介し，差の差の分析について取り上げた。また優位性や p 値など実際に検定を行う上で重要な事項の解説も加え，仮説検定に関する章を大幅に拡充している。読みやすい2色刷。

【主要目次】
データの整理／測る／確率／離散確率変数とその分布／連続確率変数とその分布／標本調査・標本分布／推定／仮説検定の基本／代表的な検定／回帰分析／最尤推定法と統計モデル

発行 新世社　　発売 サイエンス社